高等学校规划教材

建筑节能管理

武 涌 龙惟定 主编

中国建筑工业出版社

图书在版编目（CIP）数据

建筑节能管理/武涌，龙惟定主编. —北京：中国建筑工业出版社，2009
高等学校规划教材
ISBN 978-7-112-10991-3

Ⅰ. 建⋯ Ⅱ. ①武⋯②龙⋯ Ⅲ. 建筑-节能-管理-高等学校-教材 Ⅳ. TU111.4

中国版本图书馆 CIP 数据核字（2009）第 083000 号

责任编辑：齐庆梅
责任设计：赵明霞
责任校对：兰曼利　孟　楠

高等学校规划教材
建 筑 节 能 管 理
武　涌　龙惟定　主编

*

中国建筑工业出版社出版、发行（北京西郊百万庄）
各地新华书店、建筑书店经销
北京红光制版公司制版
北京密东印刷有限公司印刷

*

开本：787×1092 毫米　1/16　印张：8　字数：195 千字
2009 年 7 月第一版　2009 年 7 月第一次印刷
定价：**18.00** 元
ISBN 978-7-112-10991-3
(18237)

版权所有　翻印必究
如有印装质量问题，可寄本社退换
（邮政编码 100037）

前　言

能源是人类社会发展的重要基础资源，能源发展与经济、环境、人口的关系，成为世界共同面临和关注的热点问题之一。为了缓解资源约束和环境压力，党中央、国务院审时度势，提出了建设资源节约型、环境友好型社会的重大科学决策，明确提出 2010 年单位 GDP 能耗比"十五"期末降低 20% 的目标。建筑节能作为我国节能减排战略的重要组成部分，具有重要和深远的意义。

本教材着重从管理的角度介绍我国建筑节能的发展情况，既可作为高等院校相关专业的教材，也可为建筑节能及相关行业的从业人员提供系统、全面、实用的参考。

本教材共分七章，第一章主要介绍建筑节能的基本概念，第二章主要介绍我国建筑节能的发展战略、目标和发展路径，第三章至第七章按照建筑节能工作的重点领域，分别从新建建筑节能管理、大型公共建筑节能管理、北方地区既有居住建筑节能改造、可再生能源在建筑领域的应用、建筑节能服务体系等方面进行了较全面的介绍。

本书由武涌、龙惟定主编，参与写作的有：那威（第一、二章）、胥小龙（第一、二章）、梁境（第二、四章）、尹波（第三章）、呼静（第三章）、丰艳萍（第四章）、吕石磊（第五章）、张国东（第六章）、梁俊强（第七章）、赵婧（第七章）。在本教材的编写过程中，得到了住房和城乡建设部、同济大学等单位的大力支持，在此表示衷心的感谢！同时也要感谢各位编者的大力支持与真诚合作！

由于编者水平有限，加上时间仓促，书中不妥之处在所难免，希望读者批评指正。

目 录

第一章 绪论 ··· 1
- 第一节 建筑用能的发展 ·· 1
- 第二节 建筑节能的基本途径 ·· 6
- 第三节 "建筑节能"的主要内容 ··· 9
- 参考文献 ··· 9

第二章 中国建筑节能的目标、战略与路径选择 ··· 10
- 第一节 中国建筑节能的目标 ·· 10
- 第二节 中国建筑节能的发展战略 ·· 20
- 第三节 中国建筑节能发展的路径选择 ·· 23

第三章 新建建筑节能管理 ·· 30
- 第一节 新建建筑节能管理概述 ··· 30
- 第二节 国外新建建筑节能管理的实践和启示 ··· 34
- 第三节 国内新建建筑节能管理的实践及发展趋势 ··································· 38
- 第四节 新建建筑节能的过程管理模式 ·· 41
- 第五节 建筑能效的测评标识制度 ·· 45

第四章 大型公共建筑节能监督和管理 ··· 52
- 第一节 我国大型公共建筑能源管理现状 ··· 52
- 第二节 国外公共建筑节能管理 ··· 55
- 第三节 节能运行监管体系 ··· 58
- 第四节 节能运行信息化监管 ·· 62
- 第五节 大型公共建筑节能监管保障体系 ··· 65
- 参考文献 ··· 68

第五章 北方地区既有居住建筑节能改造 ··· 69
- 第一节 我国北方地区既有居住建筑节能改造概述 ··································· 69
- 第二节 国内外既有居住建筑节能改造模式 ·· 73
- 第三节 我国面临的挑战、应对策略和保障机制 ······································ 84

第六章 可再生能源在建筑领域规模化应用 ·· 89
- 第一节 可再生能源在建筑领域应用的现状 ·· 89
- 第二节 推进可再生能源在建筑领域应用的激励机制 ································ 95
- 第三节 我国可再生能源建筑应用的发展目标及规划 ································ 99
- 参考文献 ·· 105

第七章 建筑节能服务体系 ·· 106
- 第一节 建筑节能服务体系概述 ·· 106

第二节 国内外建筑节能服务体系发展现状 ·· 107
第三节 我国建筑节能服务的发展现状与实践 ·· 111
第四节 建筑节能服务体系的发展潜力与趋势分析 ·· 117
参考文献 ··· 119

第一章 绪 论

第一节 建筑用能的发展

一、建筑的发展与分类

建筑有广义和狭义两种含义：广义的建筑是指人工建筑而成的所有东西，既包括房屋，也包括构筑物；狭义的建筑仅指房屋，而不包括构筑物。房屋是指有基础、墙、顶、门、窗，能够遮风避雨，供人在内居住、工作、学习、娱乐、储藏物品或进行其他活动的空间场所。构筑物是指房屋以外的建筑物，人们一般不直接在内进行生产和生活活动，如烟囱、水塔、水井、道路、桥梁、隧道、水坝等。本书主要把建筑作狭义理解。

建筑是满足人类生产和生活需要的基本场所，从最早"构木为巢"、"掘洞而居"，用石头、树枝等天然材料建造原始小屋，到现代化的用钢筋、混凝土构筑高楼大厦，随着人类社会的进步，从实用和粗糙为特征的原始建筑阶段发展到以美学和艺术为基础的古典建筑阶段，从古典建筑阶段发展到以功能、经济、技术为原则的现代建筑阶段，这其中的每一发展阶段都是人类对建筑认识深化的过程。

在这一深化过程中，建筑被不断赋予新的内涵。目前，人们对建筑的基本要求是：安全性、功能性、舒适性、美观性，其中：

安全性：要求建筑能够抵御飓风、暴雨、地震等各种自然灾害和人为的侵害；

功能性：要求建筑具备满足居住、办公、生产、娱乐等不同类型需要；

舒适性：满足人们在建筑内居住的保温隔热、日照、采光、通风等健康和舒适性要求；

美观性：要求建筑使人愉悦，反映当时人们的文化追求。

根据建筑的标准不同，可以有很多种分类的方式。按照使用性质划分，通常把建筑分为居住建筑、公共建筑、工业建筑和农业建筑四大类。居住建筑和公共建筑通常统称为民用建筑。

居住建筑就是指供居住使用的房屋。包括住宅、集体宿舍、公寓、招待所、养老院、托幼建筑等类型，分为低层、多层、中高层和高层居住建筑。低层居住建筑是指一层至三层的居住建筑；多层居住建筑是指四层至六层的居住建筑；中高层和高层居住建筑是指七层及以上的居住建筑。

公共建筑是指包含办公建筑（包括写字楼、政府部门办公室等）、商业建筑（如商场、金融建筑等）、旅游建筑（如旅馆饭店、娱乐场所等）、科教文卫建筑（包括文化、教育、科研、医疗、卫生、体育建筑等）、通信建筑（如邮电、通信、广播用房）以及交通运输用房（如机场、车站建筑等），分为中小型公共建筑和大型公共建筑，中小型公共建筑是指单栋建筑面积小于或等于 2 万 m^2 的公共建筑，大型公共建筑是指单栋建筑面积大于 2 万 m^2 的公共建筑。

工业建筑是指人们从事工业生产的建筑。包括：工业厂房，可分为通用工业厂房和特殊工业厂房。按工业类别分类包括：化工厂房、医药厂房、纺织厂房、冶金厂房等。

农业建筑是指人们从事农业生产的建筑。

除非特别指明，本书所提建筑能耗均指居住建筑和公共建筑的能耗。

二、建筑用能形式的发展

能源是人类活动的物质基础。通常凡是能被人类加以利用以获得有用能量的各种来源都可以称为能源。能源种类繁多，根据不同的划分方式，可分为不同的类型。

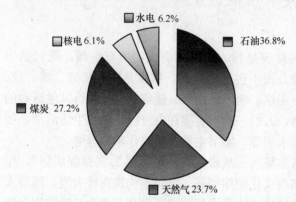

图1-1 世界一次能源消费结构（2004年）

能源的利用与发展在人类社会进步中一直扮演着非常重要的角色，每一次能源利用的里程碑式发展，都伴随着人类生存与社会进步的巨大飞跃。历史上，人类对于能源的利用主要是传统的生物质能，逐渐发展到木炭等能量密度较高的成型燃料，18世纪以煤炭替代薪柴，到19世纪中叶煤炭已经逐渐占主导地位。20世纪20年代，随着石油资源的发现与石油工业的发展，世界能源结构发生了第二次转变，即从煤炭转向石油与天然气，2004年，全世界一次能源消费量为146.06亿吨标准煤，能源消费结构如图1-1所示，可以看出，石油、天然气、煤炭等化石燃料是当今世界的主导能源。但是20世纪70年代两次石油危机的爆发，使发达国家意识到能源安全问题，开始动摇了石油在能源中的支配地位。与此同时，化石能源的大量使用，导致温室气体、污染物的大量排放，造成了全球气候变化、环境污染等问题，人们日益重视开发应用化石能源的替代能源，太阳能、风能、水能、核能、生物能等可再生能源和清洁能源的应用比例不断增加。

建筑的功能是人们在自然环境不能保证令人满意的条件下，创造一个微环境来满足居住者的安全、健康、舒适及生活生产过程的需要，为实现这些功能，必然要消耗能源。随着能源类型和利用形式的变革和建筑的发展，建筑用能的形式也在不断发生变化。

在现代人工环境技术尚未出现的时代，那时的建筑基本上消耗的是从自然中可以随时得到的能源。例如，人类用薪柴或经过一定加工的木炭煮饭取暖、用植物油点灯照明，到后来用窖存的天然冰或用人力水车洒水降温。但当时的人们结合各自生活所在地的资源、自然地理和气候条件，就地取材，因地制宜，积累了很多通过建筑设计、规划而改善居住环境的手段。例如在我国的西北黄土高原地区，黄土一般深达一二百米，黄土质地均一、不易崩塌、直立性强，同时具有气候干燥少雨、冬季寒冷、木材较少等自然状况，人们创造出"窑洞"这种建筑形式，冬暖夏凉，十分经济（图1-2）。我国岭南地区，气候炎热，多雨又多台风，春夏之际湿度大，人们发展出与自然环境充分结合的岭南建筑，通过对自然村落的设计，形成有利于自然通风的布局（图1-3），建筑本身遮阳、通风、设置保温层、种植、浅色处理等设计，非常适应南方炎热、潮湿的气候条件（图1-4）。

在这个时期，人类的建筑活动，包括建筑的建造和使用过程中消耗的主要是可以就地取材的资源，对自然、环境尚未造成重大影响。

图 1-2 黄土高原上的窑洞

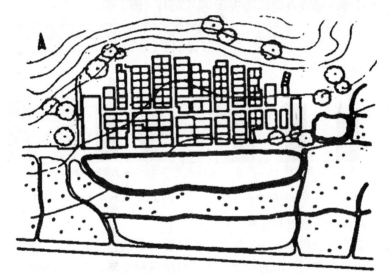

图 1-3 岭南村落有利于通风的布局

图 1-4 岭南建筑风格

随着世界工业化和城市化进程以及人类科学技术水平的提高，人与自然的关系发生了根本的变化，人们开始自由地创造所需要的居住环境，从20世纪初为解决夏季湿度太高导致纸张变形无法印刷的难题而发明的空调系统，发展到现在为大型建筑提供舒适环境的集中空调系统，从祖先采取的一家一户燃烧薪柴取暖，发展到现在燃煤、燃气、燃油为大面积建筑提供集中采暖。现代的人工环境技术可以使人们自由地获得所需要的室内环境，建筑越来越像一个个封闭的、与世隔绝的人造生物圈，"躲进小楼成一统，管它冬夏与春秋"。在采暖空调和电气照明所维持的人工环境中，人们不再像先祖一样尽心去研究如何建造适应当地的自然地理和气象条件的建筑了。但人为创造的舒适的室内环境和复杂的建筑功能，消耗了大量的能源资源，导致了能源的紧缺和资源的枯竭；大量污染物的排放，造成了地球环境的污染和生态环境的破坏。目前，人类的建筑活动消耗了全球能源的50%，水资源的42%，原材料的50%，耕地的48%（图1-5），在空气污染、温室气体排放、水污染、固体废弃物等方面比重均在50%左右（图1-6）。

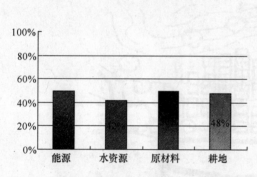

图1-5 建筑全过程消耗资源占全球资源比例

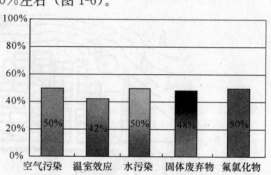

图1-6 建筑全过程对环境影响的贡献率

三、建筑节能理念的提出与发展

建筑节能理念的提出和发展，与整个人类社会对单纯靠增加投入、加大消耗实现发展的模式和以牺牲环境来增加产出的错误做法进行反思和变革是密不可分的。

由于工业的急剧增长、城市的迅速发展和人口的日益密集而造成的严重环境污染对人类的危害问题，引起了全世界对环境污染问题的高度重视。1972年在斯德哥尔摩召开的联合国人类环境会议上，世界各国政府的代表共同发表《人类环境宣言》，第一次正式表达了世界各国人民对保护环境问题的强烈关注，明确提出可持续发展的概念。1992年，在里约热内卢召开的联合国环境与发展大会上，来自一百多个国家和地区的一百多位政府首脑通过了《里约宣言》和《21世纪议程》两个纲领性文件，是贯彻实施可持续发展思想的人类行动计划。在此文件中把经济、社会、资源、环境视为密不可分的整体。可持续发展的思想实质，一方面要求人类在生产时尽可能地少投入、多产出，另一方面又要求人类在消费时尽可能地多利用、少排放，从而使经济发展更少地依赖地球上有限的资源，而更多地与地球的承载能力达到有机的协调。可持续发展强调以长远和全局的辩证眼光看待环境和发展，社会和经济的发展必须与地球生态自然环境的变化相适应，人类对自然资源和能源的消耗不能超出全球生态环境的极限，这样才能"既满足当代人的需要又不损害后代人满足需要的能力的发展"。

作为能源消耗的大户，实现建筑用能的可持续发展已经受到越来越多的重视。建筑节能的理念提出以来，随着人们对节约能源与满足舒适和健康要求之间关系认识的不断深入，已经历了几个发展阶段：

第一阶段，建筑节能的目标被锁定为节约用能、限制用能，抑制建筑能耗的增长（Building Energy Saving）。如美国，由白宫带头，降低室内采暖设定温度，美国采暖制冷空调工程师学会（ASHRAE）标准也把办公楼空调新风量标准从 $25m^3/(h·人)$ 降低到 $8.5m^3/(h·人)$。同时加强建筑物的气密性，门窗的渗透风量降低到每小时 0.5 次换气以下。以上一系列措施确实帮助发达国家渡过了能源危机，但由于这些措施是以牺牲室内空气品质、降低舒适性要求为代价的，随之带来了一系列健康问题，如"空调病"等，世界卫生组织（WHO）已经定义了其中三种病症，即病态建筑综合症（Sick Building Syndrome, SBS）、建筑物并发症（Building Related Illness, BRI）和多种化学物过敏症（Multi Chemical Sensitivity, MCS）。

第二阶段，提出在总能耗基本不变的情况下，满足人们对健康、舒适的要求，即建筑能量守恒（Building Energy Conservation）。在这一阶段，舒适、健康、安全的建筑室内环境具有重要地位，人们希望建筑是"健康建筑"，于是，换气量增加了，夏季室内设定温度降低了，冬季室内设定温度提高了。人们通过加强建筑围护结构的保温隔热性能、减少负荷计算中的高估算、采用热回收设备、采取智能控制措施等，将节约的能量用来改善室内空气品质。

第三阶段，要求用最小代价和最小能耗来满足人们的合理需求，提高建筑能源利用效率（Building Energy Efficiency）。进入 20 世纪 90 年代，全球气候变化问题成为世人瞩目的焦点。人们开始对自己为了追求舒适和效益而无节制地消耗地球资源和破坏地球环境的行为进行反思。保护地球资源和环境的可持续发展理论成为许多国家的基本国策，建筑节能上升到前所未有的地位。人们认识到，仅有能量的"守恒"是不够的，更要研究在不降低服务质量、不抑制合理需求的前提下，提高能源利用效率，合理使用能源。

图 1-7 形象地说明了建筑合理用能的思想，图中的横坐标表示用户需求，纵坐标表示建筑能耗，斜线称为服务曲线。很明显，需求越大，提供的服务越多，能耗量也就越大。而斜线的斜率的倒数，就是能量转换效率。建筑节能的重要任务就是提高能量转换效率，尽量使服务线平坦一些，而不是去抑制需求，降低服务质量。

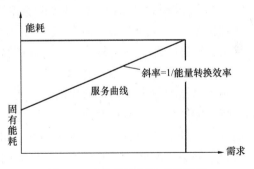

图 1-7 建筑能耗与需求的关系

第四阶段：在可持续发展战略背景的推动下，将建筑节能放在更大的背景下考虑，人们在这一阶段提出了可持续建筑（Sustainable Building）、绿色建筑（Green Building）、生态建筑（Ecological Building）等理念。

无论绿色建筑、生态建筑还是可持续建筑都注重以人为本和可持续发展，建造一个满足人类居住的室内环境，强调健康舒适。不仅包括适合的温湿度、通风换气效率、噪声、自然光、空气品质等物理量，而且包括建筑布局、环境色彩、照明、空间利用、使用材料及工作的满意度和良好的人际关系等主观性心理因素，最终目标都是节约能源，科学有效地利用资源，保护环境，实现建筑、人与自然的和谐共存。

第二节 建筑节能的基本途径

一、影响建筑能耗的因素

与建筑活动相关的能源消耗范围很广，包括建筑材料的生产、建筑建造以及使用过程中的能耗。一般意义上的建筑能耗有两种定义方法：广义建筑能耗是指从建筑材料制造、建筑施工和建筑使用的全过程的能源消耗；而狭义建筑能耗是指维持建筑功能和建筑物在运行过程中所消耗的能量，包括照明、采暖、空调、电梯、热水供应、炊事、家用电器以及办公设备等的能耗。按照世界上通行的做法，建材生产、建筑施工用能一般作为工业用能进行统计，除非特别指明，本书所提及的"建筑能耗"都是指狭义的使用能耗。

在建筑能耗中，采暖空调部分能耗是建筑能耗的最大组成部分。建筑能耗中的其他部分，包括照明、电梯、炊事、电器等，一旦建筑类型和使用功能、相应的用能设备及使用方式确定后，这些能耗基本固定不变，受建筑本身固有特性和外部因素的影响很小。而采暖空调能耗是建筑能耗中影响因素最复杂的部分，它取决于建筑的冷热负荷及所选择的冷热源设备系统的性能两大方面。影响建筑的冷热负荷的因素包括外部气候、建筑所处地区微气候、建筑的功能类型、建筑的固有特性、围护结构的热工特性、室内设定条件、室内热湿源状况等。当冷热负荷一定时，建筑采用的冷热源设备系统的性能（能源效率值）也会对建筑的最终能耗产生影响。主要影响因素有冷热源设备的种类、制造水平、室外气象条件、部分负荷特性、设计施工水平等。

（一）外部气候对建筑能耗的影响

外部气候主要包括太阳辐射、空气温湿度、风速风向等，均可通过围护结构的传热、传湿、空气渗透使热量和湿量进入建筑物内，对建筑热湿环境产生影响，进而影响到建筑的采暖空调能耗。

（二）建筑所处城市微气候对建筑能耗的影响

城市是人口高度密集、建筑高度集中的区域，在城市周围，气候条件都发生较大变化，可以对建筑能耗产生显著影响。城市微气候的主要特点是：

1. 气温高，城市气温高于外围郊区

由于城市大量人工构筑物如铺装地面、各种建筑墙面、机动车辆、工业生产以及大量的人群活动产生的污染和人为散热，绿地、水体等相应减少，造成城市中心的温度高于郊区温度。郊外的广阔地区气温变化很小，如同一个平静的海面，而城区则是一个明显的高温区，如同突出海面的岛屿，由于这种岛屿代表着高温的城市区域，所以就被形象地称为"城市热岛"。在夏季，城市局部地区的气温，能比郊区高 6℃甚至更高，形成高强度的热岛。城市热岛的存在，使城区冬季所需的采暖负荷会有一定减少，而在夏天，由于热岛的存在，所需的建筑冷负荷会增加。有人研究了美国洛杉矶市，指出几十年来城乡温差增加了 2.8℃，全市空调降温的需求增加了 1000MW，每小时增加电费约合 15 万美元。据此推算全美国夏季因热岛效应每小时多耗空调电费数达百万美元之巨。

2. 城市风场与远郊不同

由于城市中大量的建筑群增大了城市地表的粗糙度，消耗了空气水平运动的动能，使城区的平均风速减小，边界层高度加大。由于城市热岛效应，市区中心空气受热不断上升，四周郊区相对较冷的空气向城区向内辐射补充，而在城市热岛中心上升的空气又在一定高度向四周郊区向外辐射下沉以补偿郊区低空的空缺，这样就形成了一种局地环流，称为城市热岛环流。同时由于大量建筑物的存在，对气流的方向和速度产生影响，使城区内的主导方向与来流主导风向不同。城市风场会对建筑室外的热舒适性、夏季通风、冬季建筑冷风渗透造成冷热负荷的变化。

3. 太阳辐射弱

城区大气中含有大量尘粒，使年平均太阳光斜射总量比郊区约少15%～20%，高纬度地区尤其严重，使市区紫外线比郊区甚至少30%，日照时数减少约15%。

（三）建筑规划对建筑能耗的影响

建筑小区规划包括建筑选址、分区、建筑布局、建筑朝向、建筑体形、建筑间距、风环境、绿化等方面，这些因素会对建筑群的局部小气候有显著影响。

1. 建筑选址对建筑能耗的影响

建筑所处地点的微气候会对建筑的热环境产生重要影响，比如在某些特定的条件下，室外微气候会出现极端现象，如在山谷、洼地等低洼地带周围，当空气温度降低，无风力扰动时，冷空气就会慢慢流入低洼地带，并在那里聚集，出现局部低温现象，出现所谓"霜洞效应"现象。如果建筑选在这种凹地建设，冬季的温度就会比其周围平地面上的温度低得多，冬季的采暖能耗也将相应增加。而在夏季，建筑布置在上述位置却是相对有利的，因为在这些地方，往往容易实现自然通风，减少空调能耗。

2. 建筑布局对建筑能耗的影响

建筑布局主要影响到建筑群内的风场，如不合理的布局将在建筑群之间产生局部风速高，即人们俗称的"风洞效应"，直接影响到该处行人的行走，在冬季会增加建筑物的冷风渗透，导致采暖负荷增加；而在夏季，由于建筑物的遮挡作用，会造成建筑的自然通风不良，影响空调能耗。

3. 建筑体形对住宅能耗的影响

体形系数的定义是单位体积的建筑外表面积，它直接反映了建筑单体外形的复杂程度。体形系数越大，相同建筑体积的建筑物外表面积越大，在相同的室外气象条件、室温设定、围护结构条件下，建筑物向室外散失的热量也就越多。一般来说，建筑物体形系数每增加0.1，建筑物的累计耗热量增加10%～20%。体形系数是影响建筑能耗指标的主要因素之一，在我国的建筑节能设计标准中均规定了体形系数的限值，见表1-1。

不同气候区体形系数限值 表1-1

严寒及寒冷地区	建筑物体形系数宜控制在0.30或0.30以下；若体形系数大于0.30，则屋顶和外墙应加强保温
夏热冬冷地区	条式建筑物的体形系数不应超过0.35，点式建筑物的体形系数不应超过0.40
夏热冬暖地区	北区和南区气候有所差异，南区纬度比北区低，冬季南区建筑室内外温差比北区小，而夏季南区和北区建筑室内外温差相差不大。因此，南区体形系数大小引起的外围护结构传热损失影响小于北区。《夏热冬暖地区居住建筑节能设计标准》（JGJ 75—2003）只对北区建筑物体形系数作出规定，而对建筑形式多样的南区建筑体形系数不作具体要求。北区内，单元式、通廊式住宅的体形系数不宜超过0.35，塔式住宅的体形系数不宜超过0.40

4. 建筑物的配置对能耗的影响

建筑物的配置的不同，会对日照产生影响，进而对建筑的热负荷产生影响。根据我国《城市居住区规划设计规范》的规定，在我国一般居住建筑中，部分地区要求大寒日的满窗日照时间不低于2h，部分地区要求冬至日的满窗日照时间不低于1h。通过调整建筑物的配置、朝向及外形，使得在满足日照要求的前提下，在冬季能得到比较充足的阳光，在夏季获得一定的遮阳效果，是降低建筑能耗的有效措施。

（四）建筑围护结构热工特性对建筑能耗的影响

建筑围护结构分为非透明围护结构和透明围护结构。在室外气象参数的作用下，热量会通过围护结构进入建筑内部，对室内建筑热环境产生影响。建筑物的得热包括显热得热和潜热得热两部分，显热的热传递过程有两种不同类型，即通过非透明围护结构的热传导以及通过透明围护结构的日照得热。而通过围护结构形成潜热得热主要来自于非透明围护结构的湿传递。建筑围护结构热工特性是影响建筑能耗非常直接的因素。

（五）建筑使用功能及使用人行为对建筑能耗的影响

不同建筑类型两部分能耗的比重不同。在一般的居住建筑中，尤其我国北方的绝大多数地区，由于维持建筑物使用功能的能源消耗量很小，因此建筑能耗主要为维持建筑物室内热舒适环境的这一部分能耗。而在大型公共建筑中，尤其是在高档的写字楼、商场、酒店等，维持建筑物使用功能的能源消耗量就非常大，除了建筑物外区受到室外环境的一定影响，内区负荷完全取决于使用功能，建筑围护结构对建筑能耗的影响非常小。从建筑节能的途径来讲，减少建筑基本能耗主要通过技术节能，包括改善设计、提高施工质量、加强外围护结构的热工性能等措施。而减少建筑物使用功能能耗主要通过技术节能和行为节能，后者往往更为关键。

二、建筑节能的基本途径

从以上分析可以看出，影响建筑能耗的因素十分复杂，但主要可以分为两部分，一部分如外部气候、建筑规划设计、建筑固有特性、使用功能等，这部分因素影响的是维持建筑基本功能的能耗，可以说这部分能源消耗体现的是建筑物自身的物理属性，一旦建筑物的形式确定，其能耗量也随之确定。另一部分为体现建筑物使用功能的能耗，这部分能源消耗的弹性非常大，体现的是建筑物的社会属性，不同的使用者能耗量也大不相同。建筑节能主要的内容是通过采取各种措施，降低以上两部分能耗的活动。

一是技术节能，即在充分考虑气候条件的基础上，合理规划设计建筑的选址、布局、朝向、体形等，改善建筑群的微气候，充分利用自然通风、日照等；通过采取建筑围护结构保温隔热技术，采用能效高的用能产品，使用可再生能源等，降低维持建筑基本功能的能耗。

二是管理节能。由于建筑的建造者和使用者往往是不同主体，在以"利益驱动"为基本特点的市场经济环境下，无法从根本上调动建筑建造者的节能积极性，从世界各国的经验来看，必须发挥政府的公共管理职能，在建设的全过程，行使行政权力，促使建筑的规划、设计、建造、使用全过程，按照节能的要求实施。

三是行为节能。在无法改变系统形式、无法对系统进行大的调整的情况下，通过人为设定或采用一定技术手段或做法，使系统运行向着人们需要的方向发展，减少不必要的能源浪费。

第三节 "建筑节能"的主要内容

建筑节能涵盖面非常广，涉及的相关专业很多，包括建筑、建筑环境与设备、自动控制等。在技术层面上，涉及建筑的节能规划技术、建筑围护结构的保温隔热技术、建筑用能系统的节能控制技术、可再生能源的利用（如太阳能、热泵技术）、节能高效产品应用等诸多产品与技术；在管理层面，涉及政策、法规、技术标准、行政监管等多方面内容。

本书主要分为上下两篇。上篇为管理篇，从我国建筑节能历史沿革、新建建筑节能、既有建筑节能改造、大型公共建筑节能监管、可再生能源建筑应用、建筑节能政策法规等方面，总结了国内外推进建筑节能的经验，对建筑节能相关政策、法规、实施的各项制度进行了详细阐述。通过学习，可以了解国内外推进建筑节能的基本脉络，为从事建筑节能相关管理活动提供有力借鉴。下篇为技术篇，概要介绍涉及建筑节能的多个学科的关键技术。

参 考 文 献

[1] 朱颖心. 建筑环境学(第二版)[M]. 北京：中国建筑工业出版社，2005.
[2] 清华大学建筑节能研究中心. 中国建筑节能年度发展研究报告 2007. 北京：中国建筑工业出版社，2007.
[3] 国家建设部. GB 50176—93 民用建筑热工设计规范[S]. 北京：中国计划出版社，1993.

第二章 中国建筑节能的目标、战略与路径选择

第一节 中国建筑节能的目标

一、中国能源发展战略

1. 中国经济社会发展特点

(1) 经济持续高速增长，经济总量已居世界前列

中国经济已经持续高速增长了近30年，其中1991~2000年的十年间国内生产总值（GDP）年均增长率为10.4%；2001~2005年的五年间GDP年均增长率为9.5%，这在世界各国经济发展的历史中是少有的。2005年中国的GDP已达到22289亿美元，居世界第四位；按购买力平价（PPP）计算为85727亿国际元，居世界第二位。

中国各阶段经济增长率（%）　　　　　表2-1

	1991~2000	2001~2005	1990	2000	2003	2004	2005	2006
GDP增长率	10.4	9.5	3.8	8.4	10	10.1	10.4	11.1

2005年世界主要国家GDP（亿美元）　　　　　表2-2

	美国	日本	德国	中国	英国	法国	意大利
GDP	124550.7	45059.1	27819.0	22289	21925.5	21101.9	17230.4

(2) 工业化进程特点明显

中国产业结构特点：第二产业占主导地位，第一产业比重下降。

中国典型年度第一、二、三产业在GDP中所占比例（%）　　　　　表2-3

	1978	1989	1993	1998	2003	2004	2005	2006	2007
第一产业	28.10	25.00	19.87	18.57	14.80	13.4	12.5	11.7	11.7
第二产业	48.16	43.04	47.43	49.29	52.80	46.2	47.5	48.9	49.2
第三产业	23.74	31.95	32.70	32.13	32.30	40.4	40.0	39.4	39.1

(3) 城镇化进程将进入加速阶段

其一，是城市化进程进入加速阶段（图2-1），2005年中国城市化水平达到约43%。2000~2007年间中国城市化水平从36%提高到44.9%，年均提高1.3个百分点，而1990~2000年，年均提高1个百分点，可以预测我国的城市化速度将进入加速阶段。

其二，人口城市化还将是一个高速发展的时期（图2-2），以2000年人口普查资料为基础，对我国2000~2020年城市总人口数和城市化率进行预测，并以此估算2003~2020年人口城市化对城镇住宅市场需求的影响。2003~2020年期间，我国总人口数将从12.95亿上升到14.72亿左右。人口增长速度虽然下降，但人口城市化率将继续保持增加。在2003~2020年期间，中国人口城市化还将是一个高速发展的时期。

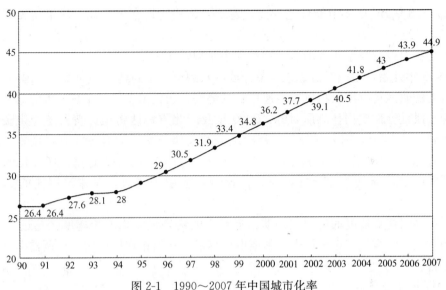

图2-1 1990～2007年中国城市化率

（4）人口增长得到有效控制，但基数仍然巨大

自20世纪90年代初开始，人口增长得到了有效控制，1990～2003年人口的增长率为9.5‰。2005年世界总人口数是64.38亿，中国总人口数是13.08亿，中国人口总数占全世界总人口的20.3%。

（5）民用建筑进入发展鼎盛期的中期

在世界银行报告《中国促进建筑节能的契机》中谈到中国建筑节能为什么要现在采取行动时指出：2000～2020年是中国民用建筑发展鼎盛期的中后期，到2020年民用建筑保有量的一半将是2000年以后新（改）建的（图2-3）；由于没有完全推行建筑节能，

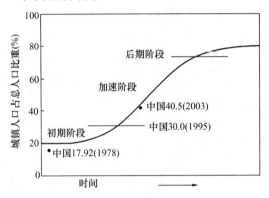

图2-2 中国城镇化过程曲线

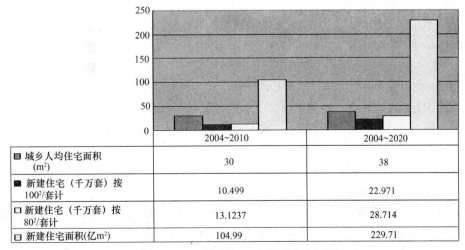

	2004～2010	2004～2020
■ 城乡人均住宅面积 (m²)	30	38
■ 新建住宅（千万套）按 100m²/套计	10.499	22.971
□ 新建住宅（千万套）按 80m²/套计	13.1237	28.714
□ 新建住宅面积(亿m²)	104.99	229.71

图2-3 2010年及2020年新建住宅预测

每年新增 7~8 亿 m² 的不节能住宅和商业建筑，这些建筑在未来几十年里将无节制地消耗大量能源。

(6) 居民对住房需求正逐渐由温饱型向小康型转变

从 2003 年开始，中国经济进入改革开放以来的第三个高速增长周期，中国 GDP 和城镇人均可支配收入持续增长将延续高速增长的势头，居民消费结构呈现升级势态。

按照小康社会住宅居住品质目标：2020 年我国北方地区将全面普及冬季供暖、供暖覆盖率达到 99% 以上，南方部分冬季寒冷地区的大部分家庭拥有冬季取暖设施，改善冬季的居住舒适度；住宅功能完备、配套齐全、方便安全，拥有智能化、现代化的设施条件。为此暖通空调能耗等建筑能耗所占的比例将会越来越大，对建筑用能的需求量将加大。

作为提高居住舒适度的房间空调器，近年来的销售量年均增长速度已超过 20%，每年新增的空调系统容量接近于同期的新增电厂容量。在城镇居民中房间空调器拥有量已接近户均 1 台。

2. 中国能源生产与消费现状

(1) 中国能源消费总量

根据国家统计局的数据，2007 年中国能源消费总量约为 26.5 亿 tce，比上年增长 7.8%；根据国际能源机构的统计数据，2005 年中国能源消费总量约占世界同期世界能源消费总量的 15%。2003~2007 年，我国能源消费年均增长速度为 11.9%。

(2) 能源消费与供应结构

我国能源消费结构较为单一，对煤炭资源的依赖程度较大，而对核能、天然气、水电等能源的开发与利用并不充分。2006 年，一次能源消费量为 24.63 亿 tce，其中：煤炭占 69.4%，石油占 20.4%，天然气占 3.0%，水电、核电和风电占 7.2%。

在我国一次能源的供应中，煤炭占有主导地位，约占一次能源总供给量的 70%，而其他能源所占比例较小。这与世界能源消费结构大相径庭。2004 年，全世界一次能源消费量为 110.6 亿吨石油当量，其中，煤炭占 25.1%，石油占 34.3%，天然气占 20.9%，核能占 6.5%，水力占 2.2%，可燃可再生能源和废弃物占 10.6%，其他（包括地热能、太阳能和风能等）占 0.4%。

(3) 生活用能有所改善，用能水平仍然很低

根据国家统计局的数据，1990 年居民生活用电只有 481 亿 kWh；而 2006 年居民生活用电达到 3251.6 亿 kWh。我国生活用能数量明显增加，用能结构明显改善。

但是，2006 年我国人均生活用电仅 249.4kWh，天然气和煤气 12.8 m³，液化气 11.2kg，同发达国家相比，我国用能水平不高、优质能源使用比率仍然很低。但是，随着经济的发展、人民生活水平的提高，我国居民的用能水平、生活用电比例将逐步提高，对高品质能源需求将增大（图 2-4）。

3. 中国面临的能源问题与挑战

(1) 能源消费总量大，但人均能源消费量低

2005 年，中国的能源消费总量居世界第二，占世界能源消费总量的 15%。但是，人均一次能源消费量为 1.802 吨标准油，为世界平均水平的 70%，是美国的 13.2%。

(2) 人均能源消费快速增长，存在着巨大的需求压力

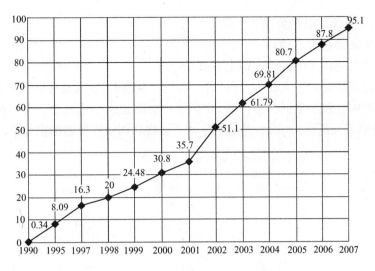

图 2-4　城镇居民家庭平均每百户空调器拥有量

2000 年中国人均生活能源消费量是 126.4kg 标准煤，2006 年中国人均生活能源消费量是 194.7kg 标准煤，短短几年间增长了 54%。中国人均生活能源消费随着生活水平的提高而快速增长是中国能源面临的另一个挑战。

（3）能源消费结构是以煤为主的低质型结构

我国能源消费结构与世界能源消费结构存在很大的不同：世界能源消费结构则是以石油为主导，煤炭、天然气并驾齐驱；而我国的能源消费结构是以煤为主的低质型结构。这种以煤为主的能源消费结构，是客观上造成中国能源利用效率低、污染严重、产品能源成本高、市场竞争能力差的根本原因。因此，需要逐步优化能源消费结构，使之呈现多元化。

（4）能源利用效率低，能源浪费严重

中国的大部分高耗能产品的能耗虽然大幅度下降，但仍然比国际水平高出 25%～60%。此外，中国的系统能源效率，比如能源生产、加工转换和终端利用等，比国外低了十几个百分点。

（5）能源资源匮乏，对进口依存度逐年提高

我国的能源资源相对比较匮乏，使得我国的现代化建设不得不依赖外部能源。从 1997 年开始，中国逐渐由能源净出口国转变为能源净进口国，而且石油进口依存度逐年提高。2007 年，中国 46.05% 的石油依靠进口。据国际观察家预测，到 2020 年，中国国内石油消耗量的 63%～70% 将依靠进口。

（6）能源消费引起的环境污染严重

我国的温室气体排放量已位居世界前列：二氧化碳排放量已位居世界第二。能源消费引起的 SO_2 和烟尘的排放量超过了总排放量的 80%，95% 以上的燃煤电厂未上脱硫装置，酸雨面积占国土面积 1/3，占全球 13%。

根据国家环境状况公报，2006 年监测的 559 个城市中，空气质量达到一级标准的城市 24 个（占 4.3%）、二级标准的城市 325 个（占 58.1%）、三级标准的城市 159 个（占 28.5%）、劣于三级标准的城市 51 个（占 9.1%）。主要污染物为可吸入颗粒物。

4. 中国未来能源需求趋势

(1) 中国未来经济增长趋势

中国的经济发展将走上持续、稳定发展的道路。工业化、城镇化、国际化等的趋势，成为拉动中国经济增长的强大动力，可以预见，中国经济以较高速度增长的态势仍然会维持相当长一段时间。按照发展目标，到2020年，全面建成小康社会，人均国内生产总值3000美元（按照美元汇率），到本世纪中叶，中国将达到中等发达国家水平（图2-5）。

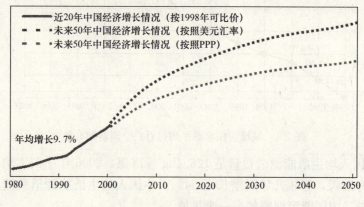

图2-5 中国未来经济增长趋势

(2) 中国未来的能源需求

从1993～2006年我国GDP和能源消费增长率之间的关系（如表2-4所示）可以看出，1993～2006年间，我国能源消费的平均增长速度比GDP平均增长速度约低4.1个百分点。但2003年以来，能源消费与GDP增速明显加快，都达到10%以上，尤其是2003～2005年，能源消费增长速度还超过了GDP的增速，主要原因是这三年投资增长过猛，重工业在工业中的比重明显上升。全社会固定资产投资连续三年增长26%以上，钢铁、水泥、化工、电力等高耗能产业迅速扩张，高耗能产品产量大幅增长，从而造成能源消费量增长过快。

统计数据表明，我国能源消费增长与GDP增长基本上是同向增长的，能源消费是经济持续稳定增长的重要推动力，为经济发展提供了重要的物质保障。今后，随着我国经济总量不断增长，能源需求总量将在较长时期内保持较高的增长水平。因此，千方百计增加能源供给，提高能源利用效率，是确保我国经济持续稳定发展的一项重要任务。

1993～2006年GDP和能源消费增长率（单位：%） 表2-4

年份	GDP增长率	能源消费增长率	年份	GDP增长率	能源消费增长率
1994	13.1	5.8	2001	8.3	3.4
1995	10.9	6.9	2002	9.1	6.0
1996	10.0	5.9	2003	10.0	15.3
1997	9.3	−0.8	2004	10.1	16.1
1998	7.8	−4.1	2005	10.4	10.6
1999	7.6	1.2	2006	10.7	9.3
2000	8.4	3.5			

（3）实施可持续的能源战略迫在眉睫

能源是国家经济的生命线，能效是可持续发展能源政策的基石。为了保证中国经济发展的持续、稳定，必须实施"节能优先、结构优化、环境友好"的可持续能源战略。采取可持续能源战略将会大幅度降低中国能源消耗总量及污染气体排放，图2-6表示的就是到2020年，不采取节能政策（BAU）和采取可持续能源政策的预测情景对比。

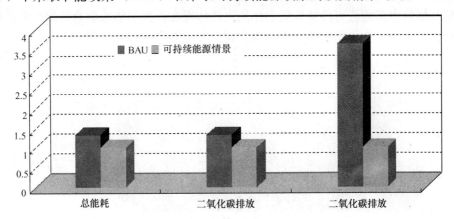

图2-6 BAU和采取可持续能源政策的预测情景对比

5. 中国中长期能源发展战略

中国能否实现高经济增长和低能耗增长，需要从战略高度来规划。

为了推动全社会大力节能降耗，提高能源利用效率，加快建设节能型社会，缓解能源约束矛盾和环境压力，保障全面建设小康社会目标的实现，国家发改委组织编写了《节能中长期专项规划》。概括起来，可以称为能源中长期发展规划的"四十八字箴言"：能源结构的发展思路是"煤为基础、多元发展"；规划的核心内容是"节能优先、效率为本"；规划的原则是"城乡统筹、合理布局、科学发展、创新体制、保护环境、保障供给、立足国内、开拓国外"。

中国能源可持续发展战略的指导思想是：以科学发展观为指导，坚持节能优先的方针；以大幅度提高能源利用效率为核心；以转变增长方式、调整经济结构、加快技术进步为根本；以法治为保障，以提高终端用能效率为重点，健全法规，完善政策，深化改革，创新机制，强化宣传，加强管理，逐步改变生产方式和消费方式，形成企业和社会自觉节能的机制；加快建设节能型社会，以能源的有效利用促进经济社会的可持续发展。

二、推进建筑节能在中国能源发展中的地位和作用

我国建筑能耗由于长期快速增长的趋势和增量在能源需求增长中的主导地位确定了其在中国能源战略中的核心地位。国务院发展研究中心的《中国能源综合发展战略与政策研究》报告中指出："未来20年中为适应全面建设小康社会的新形势，将节能战略重点调整为：在继续推进工业节能的同时，把建筑、交通作为节能的重点领域。"

推进建筑节能在中国能源发展中的地位主要体现在五个方面：（1）把民用建筑节能提高到国家贯彻科学发展观和保障能源安全战略的高度来认识与定位；（2）把民用建筑节能改造作为国家建设节约型社会，改善人民生活质量，形成新的经济增长点的重要措施来实施；(3) 把发展民用建筑节能技术作为推动建筑业产业结构调整、改造和提升建筑业的重大措施；(4) 把贯彻强制性民用建筑节能设计标准作为建筑体系创新的突破口，把对既有建筑的节能改造作为形成各具特色的城市风格的契机；(5) 把推动民用建筑节能作为政府实施公共服务、强化资源战略管理和加强环境建设的重要职能，形成政府导向、市场机制运作和受益者参与的民用建筑节能工作新格局。

建筑节能对中国能源可持续发展的作用主要体现在：如果能采取合适的政策措施，全社会支持建筑节能工作，建筑节能潜力将占到总节能潜力的40%（图2-7）。

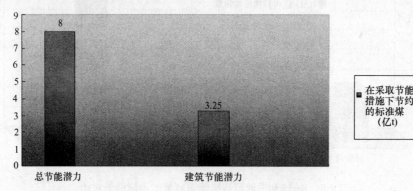

图 2-7　建筑节能潜力与总节能潜力对比

三、中国建筑能耗整体状况

1. 中国建筑能耗的特点

(1) 建筑能源消耗增长快；

(2) 使用过程中建筑能源消耗量巨大；

(3) 建筑空调耗电的增长是大部分城市用电峰值不断攀升的主要原因；

(4) 建筑用能能效低，单位建筑面积能耗高。

我国同类型的商业建筑之间的能耗又有很大差别。例如，北京10家大型百货商场每平方米年均耗电量最高的商场比耗电量最低的商场能耗高出将近50%（图2-8）；16家星级旅馆中，能耗最大的旅馆能耗费是能耗最小的旅馆能耗费的近3倍（图2-9）。

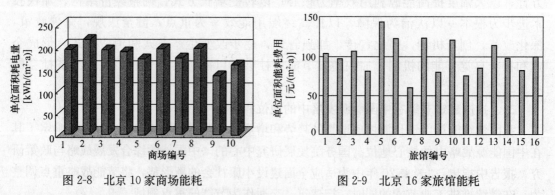

图 2-8　北京10家商场能耗　　　　图 2-9　北京16家旅馆能耗

(5) 中国建筑能源消耗引起的污染严重

相关统计数字表明：中国北方城市冬季采暖由于燃煤导致空气污染指数是世界卫生组织推荐的最高标准的2～5倍。

2. 建筑能耗总量和各类建筑能源消耗

目前我国城乡既有建筑面积约为 400 亿 m²，各类建筑的能耗情况见表 2-5。

我国的建筑能源消耗分类和现状（2006 年）　　　　表 2-5

		总面积 （亿 m²）	总商品能耗 （万 tce）	总电耗 （亿 kWh）	总非电 商品能耗 （万 tce）	生物质能 （万 tce）	总能耗 （含生物质能） （万 tce）
采暖部分	北方城镇采暖	75	14280	54	14090	—	14280
	夏热冬冷地区城镇采暖	70	1280	260	390	—	1280
	北方农村采暖	80	6640	—	6640	6940	13580
	夏热冬冷地区农村采暖	107	420	—	420	1700	2120
除采暖外	城镇住宅	113	9980	1970	3280	—	9980
	农村住宅	221	12790	1160	8820	3890	16680
	一般公共建筑	58	10950	2270	1600		10950
	大型公共建筑	3		470			
总　　计		395	56350	6190	35230	12530	68870

数据来源：根据自下而上的建筑能耗模型计算，并由宏观统计数据验证。

四、中国建筑节能潜力预测

据测算，到 2020 年中国建筑节能总潜力估计大约能达到 3.8 亿 tce（图 2-10），达到并超过整个英国 2002 年的能耗总量；空调高峰负荷可减少约 8000 万 kWh，约相当于 4.5 个三峡电站的装机量，减少电力投资 6000 亿元。按照建筑节能工作进展好和差两种情景进行分析后发现，预计 2020 年，两种情况的建筑能耗将相差 3.4 亿 tce。

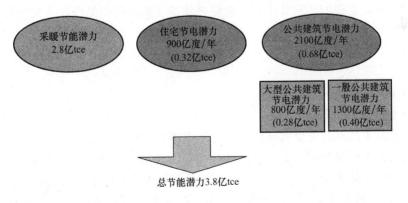

图 2-10　2020 年中国建筑总节能潜力预测

1. 新建建筑节能潜力分析

预计到 2020 年底，全国房屋建筑面积将新增 300 亿 m²，其中城镇新增 130 亿 m²。仅就城镇而言，如果这些建筑全部在现有基础上执行节能 50% 的标准，则每年大约可节省 1.6 亿 tce。

2. 既有建筑节能改造潜力分析

我国城乡目前既有建筑总面积约 400 亿 m^2，其中城镇约为 150 亿 m^2，在城镇中居住建筑面积约为 105 亿 m^2，公共建筑面积约为 45 亿 m^2，能够达到建筑节能标准的仅占 5%，其余 95% 都是非节能建筑。如果根据建筑的不同情况逐步推行既有建筑节能改造，节约潜力将十分巨大。

（1）住宅类建筑节能潜力

2005 年底，全国城镇房屋建筑面积 164.51 亿 m^2，其中住宅建筑面积 107.69 亿 m^2，占房屋建筑面积的比重为 65.46%。房屋建筑面积东部地区 83.8 亿 m^2，中部地区 45.22 亿 m^2，西部地区 35.48 亿 m^2，分别占全国城镇房屋建筑面积的 50.94%、27.49% 和 21.57%。城镇住宅建筑面积东部地区 53.67 亿 m^2，中部地区 30.33 亿 m^2，西部地区 23.69 亿 m^2，分别占全国城镇住宅建筑面积的 49.84%、28.16% 和 22%。

（2）公共建筑节能潜力

全国公共建筑面积大约为 45 亿 m^2 左右，其中采用中央空调的大型商厦、办公楼、宾馆为 5 到 6 亿 m^2。据调查，一般情况下，商场、写字楼的能耗（包括空调、采暖、照明等）费用为 70～200 元/($m^2 \cdot a$)；政府机构公共建筑的能耗费用在 100 元/($m^2 \cdot a$) 左右（北方采暖地区、过渡地区、南方炎热地区各部分能耗所占比例不同，但总能耗相差不大），其中采暖制冷的能耗约占 50%～60%。如果按节能 50% 的标准进行改造，总的节能潜力约为 1.35 亿吨标准煤。

（3）建筑照明节能潜力

在公用设施、宾馆、商厦、写字楼、体育馆场、居民住宅中推广高效照明系统和其他高效照明电器产品，"十一五"期间将累计节电 290 亿 kWh，实现节电 10% 的目标，提高电网削峰能力 380 万 kW，相当于少建或推迟装机容量 500 万 kW，节省电力建设投资 400 亿元，减排二氧化碳 830 万 t，减排二氧化硫 26 万 t，减排氮氧化物 22 万 t。

3. 建筑节能带动相关产业发展的潜力分析

通过建筑节能工程的实施和示范，会促进建筑节能及其相关产业的大发展，将会带动全国建筑节能关键技术的产业化，实现高效节能成套新技术的推广，形成高效节能新设备、新材料产业，每年带动 100 亿元以上的产值，为我国建筑业实施可持续发展战略作出巨大贡献。

五、中国建筑节能的目标

1. 中国建筑节能的长远目标

建筑节能的本质具有三个明显特征：一是强调了发展，即建筑的发展、人居环境的改善、人类社会的发展是建筑节能的终极目标（实现建筑环境舒适度的稳定提高）；二是强调了协调，即内在效率和质量的提高，实现资源与发展之间的平衡（实现建筑能效水平的跨越式提升）；三是强调持续，即发展和协调在时间上的可持续性（保证建筑能耗的理性增长）。因此，中国建筑节能的长期目标可以概括为：

（1）保证建筑用能消耗的理性增长

建筑用能的消费增长从本质上讲是刚性的，但是需要强调消费增长的"健康性"。鉴于各个国家的自然资本、经济资本、人力资本和社会资本的不同，人们的生活习俗相异，建筑用能消费和资源节约的水平与程度必须以各自的国情和国力为基础，不能盲目追随他国的消费模式。因此，消费适度与资源节约是实现我国社会可持续发展的基本准则，建筑能耗水平的增长应该是与我国社会经济发展水平、自然资源存量及开发利用程度和生态环境承载能力相适应的一种理性增长。

（2）实现建筑能效水平的跨越式提升

建筑节能的核心本质是提高建筑能效。这里说的跨越式提升，是基于我国建筑能效相对于经济发展严重滞后的现状，要跟上现阶段社会经济快速发展的步伐，必须寻求阶段式的跨越。建筑能效的提升，不单是以建筑耗能量的多少来衡量的，建筑能效水平基准是基于不同的社会经济水平动态变化的，建筑单位面积用能水平只是其一种外在表现形式。只有通过建筑节能，才能真正实现建筑用能结构的合理优化，降低对生态环境的干扰程度，提高新型可再生能源的开发利用水平，使建筑能效水平实现跨越式的提升。

（3）实现建筑环境舒适度的稳定提高

建筑节能并不意味着限制发展，正确的建筑节能是建立在多数人生活质量的稳步提高、保障弱势群体基本生活水平的基础上。我国的建筑环境的舒适度与发达国家相比还有相当大的距离，当前的建筑节能不单是节省资源的消耗，更是以通过提高建筑物的能源利用效率保持和改善环境舒适度为目标。

2. 中国建筑节能的近期目标

（1）国家目标

"十一五"期间，实现建筑节能 1.1 亿 tce，建设节能建筑面积 21.46 亿 m^2，其中新建建筑 15.92 亿 m^2，既有建筑改造 5.54 亿 m^2，全社会实施建筑节能工程总投入 33355.5 亿元，其中建筑节能增量成本为 4951 亿元。

（2）目标分解

"十一五"期间，我国建筑节能工作的主要目标包括：

新建民用建筑全面执行节能 50% 的设计标准，其中大中城市 100% 的新建建筑均应达到国家建筑节能设计标准；建立四个直辖市和北方地区节能 65% 的国家标准体系和技术支撑体系；完成低能耗、超低能耗和绿色建筑的示范工程，形成相关标准和技术体系，引导"十二五"建筑发展方向；通过示范倡导，推动村镇居住建筑实施节能标准；新型墙体材料和节能材料产品的生产供应基本满足需求。

既有公共建筑节能改造取得实质性进展。在充分调查研究的基础上，以既有办公建筑的节能改造为先导，以高耗能建筑（能耗未达到节能率 30% 的建筑均视为高耗能建筑）和热环境差的建筑为重点，政府政策引导和市场化运作相结合，积极推进公共建筑节能改造。深化北方地区供热体制改革，结合城市改建，在大中小城市有计划有步骤地开展既有居住建筑节能改造工作。到 2010 年完成应改造建筑面积，大城市达到 25%，中等城市达到 15%，小城市达到 10%。

可再生能源在建筑中规模化应用取得实质性进展。开发利用太阳能、地热能（包括淡水源、海水源、污水源、浅层地能等）等可再生能源，累计建成利用可再生能源建筑的国家级示范项目 1500 万 m^2。

形成国家推动建筑节能的关键能力。一是制定和修订相关法规，并通过组织示范摸索和试点建筑节能相关配套政策，建立健全建筑节能政策法规体系；二是通过示范完善建筑节能技术，制定相关标准，建立健全建筑节能标准体系，制定图集、工法、手册等，建立健全建筑节能技术；三是继续深化供热体制改革，制定供热价格管理办法等规章，建立城市低收入家庭冬季采暖保障体系；四是建立国家建筑能效检测检验和评估机构；五是加强国际合作，不断提高我国建筑节能技术与管理水平；六是加强建筑节能的培训宣传工作，提高从业人员的相关能力，增强公众的建筑节能意识。

第二节 中国建筑节能的发展战略

一、中国建筑节能发展的战略方针

对现有建筑节能存在的问题应该坚持统筹规划、分类指导、因地制宜、突出重点、创新机制、提高效率的方针。

（1）统筹规划：建筑节能目标，建筑节能工作目标；

（2）分类指导：新建建筑与既有建筑、公共建筑与居住建筑；

（3）因地制宜：不同气候区和资源情况，不同经济发展水平；

（4）突出重点：新建建筑执行建筑节能标准、政府机构办公建筑和大型公共建筑节能改造；

（5）创新机制：建筑节能管理体制，新建建筑节能管理、既有建筑节能改造、建筑物用能系统运行管理等一系列新的制度和办法；

（6）提高效率：提高建筑能源利用效率和建筑节能工作效率。

二、中国建筑节能发展的战略措施

1. 基于国家战略和满足地方需求的需求导向战略

中国建筑节能要想取得成功，必须要找准自己的坐标，把握好努力的方向，必须要回答好"为什么"进行建筑节能、进行建筑节能的目的"是什么"，然后才是讨论中国要想顺利推进建筑节能应该"怎么做"。而要回答好这一系列的问题，必须要以需求为导向。

这种需求可以分为三个层次：一是国家战略需求，国家为了完成工业化、实现现代化、提高国家综合国力等一系列国家目标而产生的各种需求；二是地方需求，由于不同地区的地理位置、气候区域、经济发展水平等各不相同，所以不同地区实施建筑节能的策略各不相同，比如北方采暖地区实施既有居住建筑节能改造的愿望比较强烈，而过渡地区或南方地区可能更侧重于夏季空调节约用电；三是民众需求，是居民百姓意愿的总体反映和体现，具体到建筑节能领域，就是居民百姓希望通过实施建筑节能工作所能给自身生活带来的舒适、便利和实惠，比如改善居住环境、增加居住的舒适度等。

国家战略是国家战略体系中的最高层次战略，其他任何子战略或分战略的分析、制定、实施等都应以服务于国家战略为原则，以促进国家战略的顺利实施和有效实现为目的，在建筑节能领域更应如此。我国目前正在大力推进的"可持续发展"、"节能减排"、"西部大开发"等战略都对建筑节能战略的制定和实施有着巨大的指导作用，而建筑节能的推进速度和实施效果又反过来对我国国家战略的实现有着非常大的制约和影响。

民众需求是国家制定政策措施的风向标和指南针，是国家战略在微观层面的展示和具体化；国家战略是民众需求的高度集中和抽象，所以二者的目标是一致的。

地方需求是介于国家战略需求和民众需求之间的中观层面上的需求，这种需求一方面比国家战略需求具体，能够反映出不同地区进行建筑节能工作的"轻重缓急"，便于中央政府做出合理的计划和统筹安排；另一方面比民众需求集中，不会涉及太过于琐碎的方方面面，是地方民众需求经过长时间的积累之后的体现，能够提高建筑节能工作开展的速度和效率，对建筑节能所采取的具体措施影响巨大。因此，中国建筑节能发展的第一大战略就是"基于国家战略和满足地方需求的需求导向战略"，如图2-11所示。

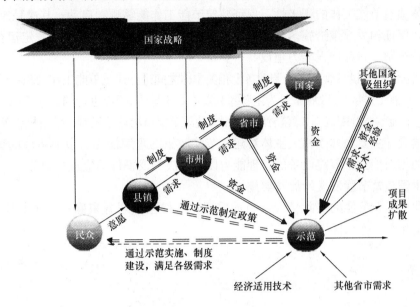

图2-11 基于国家战略和满足地方需求的需求导向战略示意图

2. 基于经济适用和因地制宜的技术选择战略

技术是推动现代生产力发展中的重要因素和重要力量，马克思就曾经说过"劳动生产力是随着科学和技术的不断进步而不断发展的"，因此科学、合理、有效的技术为劳动者所掌握，能够极大地提高人们生产劳动能力，提高人们认识自然、改造自然和保护自然的能力。

中国的建筑节能工作要想取得成效，必须选择科学、合理、有效的技术，而在选择过程中，必须要遵循"经济适用"和"因地制宜"两个原则，这主要是由中国目前的国情所决定的。要做到这两点，就必须从地方需求出发，结合当地气候、自然、资源、经济等状况，选择建设成本适当、运行费用合理、管理方便，同时能够满足当地建筑节能需求的技术（图2-12）。

3. 基于目标导向和阶段管理的全过程控制战略

加强过程控制是建筑节能工作达到并超过预期效果的重要保障。按照阶段的不同，可以简单将建筑节能工作划分为"前期调研、制定计划、具体实施、总结评价"等几个阶段。

在实际操作过程中，必须做到：注重前期调研，充分了解民意；紧扣国家战

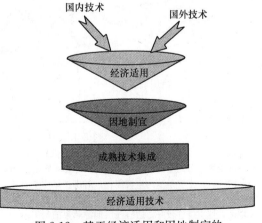

图2-12 基于经济适用和因地制宜的技术选择战略示意图

略,科学制定计划;把握关键环节,确保节能效果;及时总结评价,形成反馈机制。

4. 基于机制创新和能力建设的可持续运营战略

从长远来看,建筑节能领域只有实现可持续运营,才能降低节能成本、增加节能产出,才具有榜样力量和带动作用。而要实现可持续运营,必须要解决两个问题:首先是调动相关主体建筑节能工作的积极性,保证建筑节能工作能够顺利启动;其次是建筑节能工作开展后,保证相关政策措施落到实处,保证相关设施设备能够持续、稳定运行。因此,必须要进行机制创新和加强能力建设。

机制创新,即建设主管部门为调动各个相关主体之间进行建筑节能工作的积极性,提高效率,使建筑节能工作从"以政府主导为主"转向"以市场主导为主"而进行的创新活动。这些机制主要包括:节能效益分配机制、经济激励机制、建筑节能市场竞争机制、价格机制等等。

能力建设,主要是加强相关主体对建筑节能政策的理解能力、节能措施的执行能力、节能技术的创新能力、节能设备的管理能力以及解决突发事件的应急能力等。

三、中国建筑节能发展的战略实施

结合我国建筑节能的实际情况,目前需要从气候区域划分来确定建筑节能的重点内容,并落实相关工作(图 2-13)。

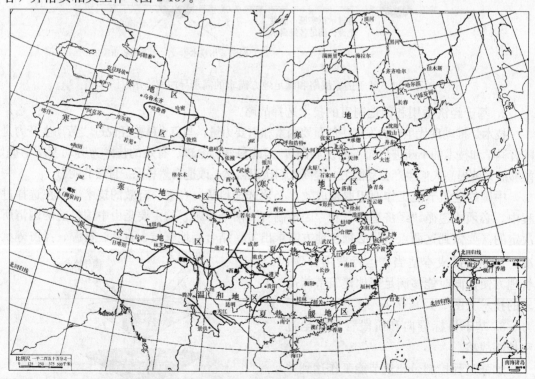

图 2-13 中国建筑节能战略措施示意图

寒冷地区:以节约采暖能耗为主,兼顾夏季空调节约,对围护结构以保温为主;
夏热冬冷地区:节约空调能耗,合理解决冬季采暖需求和夏季除湿问题;对围护结构既要保温,又要考虑夏季隔热;
夏热冬暖地区:主要是节约空调能耗;对围护结构主要考虑隔热、遮阳;
严寒地区,通过太阳能或者锅炉辅助地源热泵供暖;
寒冷地区,地质条件较好,适宜浅层地源热泵的利用;
夏热冬冷地区,长江中下游的供热和供冷负荷大致相等,有利于浅层地源热泵的利用;
夏热冬暖地区,在以供冷为主要目标,可通过设置冷却塔辅助浅层地源热泵供冷。

1. 严寒及寒冷地区

寒冷地区：以节约采暖能耗为主，兼顾夏季空调节约，对围护结构以保温为主；严寒地区，通过太阳能或者锅炉辅助地源热泵供暖；寒冷地区，如果供暖负荷和供冷负荷基本相当，条件合适时可以考虑扩大地源热泵的利用。

2. 夏热冬冷地区

夏热冬冷地区：节约空调能耗，合理解决冬季采暖需求和夏季除湿问题；对围护结构既要保温，又要考虑夏季隔热；在应用地源热泵时，必须考虑供暖和供冷负荷的平衡。

3. 夏热冬暖地区

夏热冬暖地区：主要是节约空调能耗；对围护结构主要考虑隔热、遮阳。因为供冷负荷远大于供暖负荷，因此不太适于地源热泵的应用。有条件的地方可以考虑用地表水的冷水机组或热泵。

第三节　中国建筑节能发展的路径选择

一、中国建筑节能的发展沿革

1. 第一阶段：1986～2002年试点示范阶段

在此阶段中，中国的建筑节能工作主要以推进新建建筑节能为主，开展地域以我国北方地区为主，工作方式以试点示范、相关节能技术研发、制定北方地区建筑节能标准等方面为主，建筑节能工作进展相对缓慢（图2-14）。

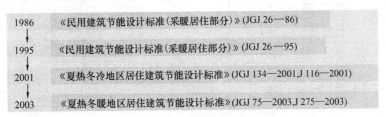

图2-14　1986～2003年中国建筑节能发展大事图

《民用建筑节能设计标准（采暖居住建筑部分）》（JGJ 26—86）于1986年颁布并实施，并以"1981年建筑设计规范，一个采暖季内每 m^2 采暖面积耗标准煤 25kg"为基线，要求实现节能30%的目标。

1995年5月，建设部制订了《建筑节能"九五"计划和2010年规划》，确立了建筑节能的目标、重点、任务和实施步骤，将居住建筑节能目标明确为三个阶段：第一阶段，新建采暖居住建筑1996年以前在1980～1981年当地通用设计能耗水平基础上普遍降低30%；第二阶段，1996年起在达到第一阶段要求的基础上再节能30%；第三阶段，2005年起在达到第二阶段要求的基础上再节能30%。因此，1995年国家对1986年《民用建筑节能设计标准》进行修订，要求节能50%。

2001年2月，建设部批准发布了《采暖居住建筑节能检验标准》（JGJ132－2001）；同时按照建筑气候分区，于2001年7月组织制定了《夏热冬冷地区居住建筑节能设计标准》（JGJ134－2001），标志着建筑节能工作逐步走向具体化和可行化。

2002年6月建设部发布《建筑节能"十五"计划纲要》，指出"降低建筑能耗是贯彻可持续发展战略的一个重要方面,积极推进建筑节能,有利于改进人民生活和工作环境,保证国民经济持续稳定地增长,减少大气污染,减少温室气体排放,缓解地球变暖的趋势,是发展建筑业和节能事业的重要工作。"

在《建筑节能"十五"计划纲要》的指导下,中国的建筑节能工作从2003年开始,进入全面快速的发展阶段。

2. 第二阶段:2003~2007年普遍推广阶段

从2003年开始,中国的建筑节能工作在全国范围内全面展开,各种相关工作迅速有效的全面启动,中国的建筑节能开始得到人们的普遍重视,建筑节能管理制度和建筑节能标准体系逐渐完善(图2-15)。在此期间,中国建筑节能的相关主体根据中国建筑节能的实际情况和特点,按照建筑节能工作的"轻重缓急",以"充分保证建筑节能工作顺利、科学、有效实施"为原则,采取了一系列的手段和措施,使得中国的建筑节能工作呈现出了崭新的局面和特点:一是立足现状,有针对性的采取了一些措施;二是勇于创新,探索出了一整套"建筑节能创新体系";三是放眼未来,合理制定了未来一段时期中国建筑节能的战略目标和发展规划。

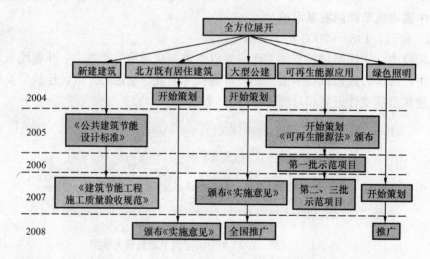

图2-15 2004~2008年中国建筑节能全方位开展示意图

已经发挥作用的主要措施有:

(1) 初步建立起节能50%为目标的建筑节能设计标准体系

1996年以来,先后颁布了《民用建筑节能设计标准(采暖居住建筑部分)》、《夏热冬冷地区居住建筑节能设计标准》、《夏热冬暖地区居住建筑节能设计标准》、《民用建筑热工设计规范》、《采暖通风与空气调节设计规范》、《建筑照明节能标准》、《公共建筑节能设计标准》等,节能50%为目标的建筑节能设计标准体系初步建立。

(2) 加大了建筑节能监管力度

目前在施工图设计文件审查环节加强监管力度,2004年下发了《关于加强民用建筑工程项目建筑节能审查工作的通知》,对建筑节能设计文件的审查提出要求。2005年,下发了《关于新建居住建筑严格执行节能设计标准的通知》、《关于认真做好〈公共建筑节能设计标准〉宣贯、实施与监管工作的通知》,将对建筑节能设计标准的监管进一步延伸至施工、监理、竣工验收、房屋销售等环节,同时开展建筑节能的专项检查。

（3）制定了建筑节能专项规划和相关政策规章

1994~2002年，建设部成立了部节能工作协调组与建筑节能办公室，开始了中国政府有组织地制定建筑节能政策并组织实施的新阶段。制定了"建筑节能'九五'计划和2010年规划"，确立了我国开展建筑节能的目标、阶段与任务，明确了居住建筑、公共建筑、既有建筑改造等的实施措施和步骤。

为了贯彻执行《中华人民共和国节约能源法》和推动节能50%标准的实施，2000年2月18日，颁发了建设部部长令第76号《民用建筑节能管理规定》，对建设项目有关建筑节能的审批、设计、施工、工程质量监督及运营管理各个环节都做了明确的规定，2005年建设部部长令第143号进一步进行了修正。

（4）推进了供热体制改革工作

2003年，八部委颁布了《关于城镇供热体制改革试点工作的指导意见》，提出停止福利供热，实行用热商品化、货币化和逐步实行按用热量计量收费制度，积极推进城镇现有住宅节能改造和供热采暖设施改造等方面的要求，并在三北地区开展了城镇供热体制改革和供热计量的试点工作。

（5）组织了建筑节能技术攻关，建设节能试点示范工程

1999年以来，建设部共批准立项四批50个建筑节能试点示范工程（小区），总建筑面积达到486万 m^2。通过试点和示范，首先，一批具有先进水平的节能技术体系与产品在试点示范工程中得到应用，并开始大范围地推广应用；其次，一批节能示范项目所采用的技术、产品的水平不断提高；第三，试点示范项目的实施，促进了地方制定和完善本地区建筑节能设计标准实施细则、操作规程、标准图集。

（6）积极开展国际合作，消化吸收先进技术和管理经验

在建筑节能领域，我国与美国、加拿大、德国、法国、荷兰、瑞典和联合国开发计划署、世界银行等国家和国际组织开展了合作，合作项目7个，获得赠款资金近6000万美元，合作内容包括建筑节能政策、标准、规范的研究制定，节能住宅建筑示范工程建设，人员培训等方面，合作成果得到了广泛扩散，出台了一批政策、标准、规范。

从总体上看，通过上述工作，建筑节能工作取得了一些成效，已从试点示范、技术研发、积累经验阶段转到了在全国全面展开的阶段。下一阶段随着国务院正在拟定的《建筑节能管理条例》的颁布和十大节能工程的展开，我国的建筑节能工作将开始加速。

3. 第三阶段：从2008年开始

随着中国经济的高速发展，能源供应和环境污染的压力越来越大，建筑节能的任务也越来越重。在此背景下，从2008年开始，中国的建筑节能发展将迈入新的阶段。在此阶段中，建筑节能的首要任务就是拿到节能量，实现国家"十一五"建筑节能目标。不仅如此，国家建设主管部门需要加强对建筑节能工作的指导和监管，增强地方推进建筑节能的能力，提升建筑节能技术和产品的研发能力和推广能力，提高全社会的建筑节能意识，最终实现新建建筑与既有建筑节能工作的有效开展，使得在建筑的建造过程和使用过程都能严格执行节能标准，提高能源利用效率，实现建筑节能的总体目标。

二、中国建筑节能发展的路径回顾

回顾建筑节能的发展历程，可以总结出我国建筑节能发展的几大特点：

1. 建筑节能的推进线路清晰

从 20 世纪 80 年代初以来，尤其是从 2003 年以来，建设部和各级政府开展了相当规模的建筑节能工作，采取了"先易后难、先城市后农村、先新建后改建、先住宅后公建、从北向南"逐步推进的策略，线路清晰、思路明确，全面推进了我国的建筑节能。

2. 建筑节能工作成绩显著

迄今为止，已经制定了一系列建筑节能专项规划和相关政策规章；制定了一大批建筑节能及其应用技术标准和规范；形成了一整套建筑节能管理制度创新体系；积极开展国际合作，消化吸收先进技术和管理经验；深入进行建筑节能技术研究，取得了一批具有实用价值的科技成果；开展了建筑节能相关产品的开发和推广应用，促进了建筑节能技术产业化；以试点示范作引导，建成了一批节能建筑。

3. 建筑节能管理力度需要加大

拥有相对完整的建筑节能管理制度仅仅是具备了提升建筑节能管理水平的必要条件，要想真正提升建筑节能管理水平，获得理想的建筑节能管理效益，必须要加大建筑节能管理的执行力度。目前，我国建筑节能管理中存在"几个重轻"：（1）重建设轻管理，导致建筑能源消费中存在着普遍的、严重的浪费现象，造成此种现象的主要原因有二：一是相关主体的科学管理意识不足，认为只要采用了节能技术，在设计中用了节能墙体、节能窗、节能设备，就能实现节能要求，忽略了设备管理和行为节能；二是相关主体能力欠缺，缺乏对建筑节能设备运行管理及节能方面的系统学习，在遇到情况变化时就难以做出及时科学的处理；（2）重新建轻既有，相关主体对国家提出的将建筑节能工作重点从主要抓新建建筑执行节能设计标准转变到同时要发展节能省地环保型建筑和绿色建筑、推动北方既有居住建筑节能改造、建立大型公共建筑节能监管体系、推进可再生能源建筑应用和绿色照明等方面认识不足，尚停留在抓新建建筑执行节能标准阶段，影响了建筑节能的全面实施；（3）重墙体轻系统，并未认识到建筑用能系统、公共建筑室内环境控制系统的重要性。

4. 建筑节能配套措施不够完善

建筑节能工作是一项系统工程，需要很多配套措施的配合，才能发挥应有的作用，达到理想的效果。目前，我国建筑节能领域很多配套措施仍然有待完善，主要体现在三个方面：（1）监管力度跟不上，建筑节能工作涉及民用建筑工程项目的立项、设计审查、开工许可、施工监理、竣工验收、房屋销售许可核准等多个监管环节，大多数地区比较重视施工图节能设计审查环节，而对其他环节比较忽视。2007 年建筑节能专项检查中发现 47 例违反节能标准强制性标准的民用建筑项目，与主管部门监管不力密切相关。（2）产品研发跟不上，导致建筑节能产品过分依赖进口，增加了建筑节能成本，阻碍了建筑节能技术的实施和推广。据调查显示，我国建筑节能用材料、设备生产企业的研发主要以引进为主，自主研发比例较低，只有 15%（图 2-16）。（3）目标考核跟不上，导致相关主体缺乏建筑节能的紧迫感和责任感，导致建筑节能工作"悬在空中，落不到实处"，因此，必须要建立建筑节能全过程考核评价体系，从建筑节能的准备、实施、完成等几个阶段开展全过程评价，对各级政府落实建筑节能目标、贯彻管理制度和执行节能强制性标准等，进行全面考核，落实节能目标责任制和问责制。

5. 农村建筑节能工作尚未启动

目前，我国推进建筑节能工作主要在城镇，广大农村地区建筑节能尚未涉及。随着农

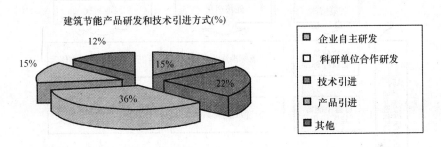

图 2-16 建筑节能产品研发和技术引进方式

村生活水平的不断改善，使用商品能源和用能水平不断提高的趋势日益明显。如不采取措施，引导其科学增长，必然增加农民支出，并对我国能源供应造成更大压力。

三、中国建筑节能的未来发展路径

1. 基于国家战略和满足地方需求的需求导向战略的路径

需求导向战略的路径是在国家战略的引导下，分析与识别国家、地方、建筑用户三个层面需求，在此基础上，制定并实施建筑节能各项政策制度，以满足各方需求（图 2-17）。

需求导向战略首先是要以国家的需求为导向，要在国家战略的引导下组织实施。实践证明只有与国家战略有机结合后，建筑节能工作才能更顺利地推进，取得更大的发展。2002 年之前，建筑节能工作进展缓慢，仅在新建建筑领域推行节能设计标准；2002 年以后，在国家可持续发展战略的带动下，特别是科学发展观的提出和节能减排战略的实施，建筑节能迎来了前所未有的发展机遇。

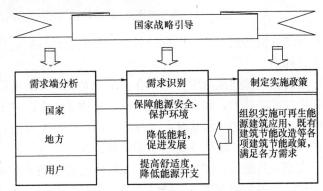

图 2-17 基于国家战略和满足地方需求的需求导向战略路径示意图

对国家、地方、建筑用户三个层面需求的分析与识别，是实施需求导向战略的基础。对于建筑节能，国家、地方、建筑用户有着不同需求，国家层面一是要节约能源，保障能源安全，二是 CO_2 减排，保护环境；地方层面首先要完成国家分配的节能降耗任务，其次是通过发展建筑节能市场，带动当地经济发展；建筑用户层面一是要提高建筑物舒适度，二是降低能源费用。只有在清楚了各方需求的基础上，才可以做到有的放矢，才能充分调动各方积极性，有效整合各种资源。

2. 基于经济适用和因地制宜的技术选择战略的路径

基于经济适用和因地制宜的技术选择战略渗透在各项具体的政策当中，其技术路径见图 2-18。

新建建筑节能设计标准方面，一是随着建筑材料性能的提升、建筑技术升级，逐步提高建筑节能设计标准，从节能 30% 到节能 50%，部分地区达到 65% 的标准；二是根据不

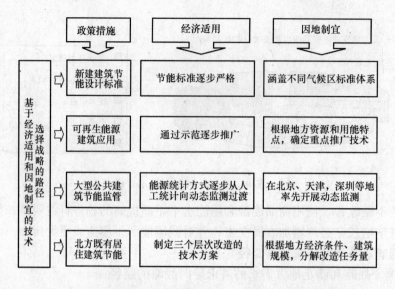

图 2-18 基于经济适用和因地制宜的技术选择战略路径示意图

同地区的气候特点,出台了有针对性的节能设计标准,目前已出台了涵盖 5 大气候区的节能设计标准。

可再生能源建筑应用方面,在技术上是通过开展示范工程,完善技术工艺、标准,大面积推广成熟技术,如太阳能光热建筑一体化;在区域上,综合考虑不同地区建筑用能特点和可再生能源的资源状况,选择重点推广的技术类型,如在北方地区重点推广浅层地能集中供热,长江流域重点推广水源热泵空调制冷技术。

大型公共建筑节能监管方面,在综合考虑了地区经济的差异、支撑单位的技术实力、地方积极性等多种因素后,确定在各项条件较好的北京、天津、深圳三地率先建设动态监测平台,对能耗数据进行在线动态、实时监测,其他地区则采用人工统计方式,待时机成熟再逐步向全国推广。

北方采暖区节能改造同样依据因地制宜和经济适用,分解了节能改造任务量,制定了供热计量改造、供热管网改造和围护结构改造三个层次的节能改造技术方案。

3. 基于目标导向和阶段管理的全过程控制战略的路径

全过程控制战略是需求导向战略的延伸,是确保建筑节能政策满足各方需求、达到预期效果的重要手段(图 2-19)。全过程控制战略的实施两个关键环节是以目标为导向的建筑节能具体方案的制定与实施,以及以年度建筑节能大检查为特征的阶段

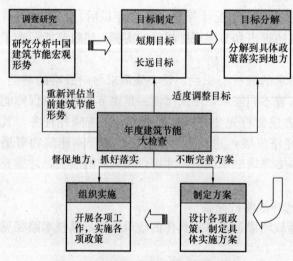

图 2-19 基于目标导向和阶段管理的
全过程控制战略路径示意图

管理。

以目标为导向首先是通过开展调查研究，分析建筑节能的宏观形势；在此基础上，制定全国建筑节能短期目标和长远目标，并将目标分解到各项政策，把任务落实到各个省市，形成目标体系；以各层次目标统筹引导具体方案的制定与实施。

年度建筑节能大检查是实施建筑节能阶段管理的重要手段。通过年度建筑节能大检查，掌握详实的第一手资料，重新评估当前建筑节能形势；判断分析当前建筑节能工作进展及发展趋势，适度调整目标；总结各地经验和教训，不断完善实施方案；落实责任、奖优罚劣，督促地方做好落实工作。

4. 基于机制创新和能力建设的可持续运营战略的路径（图2-20）

可持续运营战略从两角度出发，一是推进全方位的机制创新，包括实施新建建筑能效标识制度、建立大型公共建筑节能监管体系、推进北方地区供热体制改革、推广合同能源管理模式，以适应市场经济原则，充分发挥市场作用，建立建筑节能的长效机制；二是开展多层面的能力建设，包括建筑节能市场的中介机构能力建设、建筑节能政府职能管理部门能力建设，以提升业务能力，为建筑节能市场提升优质服务，确保建筑节能市场运行顺畅。

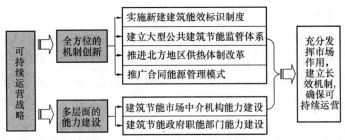

图 2-20 基于机制创新和能力建设的可持续运营战略路径示意图

第三章 新建建筑节能管理

目前我国正处在城市化高速发展的过程中，在全面建设小康社会这一目标的指引下，我国城镇规模不断扩大，人民生活水平不断提高。为适应城镇人口的飞速增加和满足持续改善人民生活水平的需要，我国新建建筑的规模十分巨大，目前我国城乡每年新增建筑面积约为 16~20 亿 m^2。预计到 2020 年底，城镇新增民用建筑面积将达到 100~150 亿 m^2，全国房屋建筑面积将达到 670 亿 m^2。如此巨大的新增建筑规模，在世界建筑史上是空前的，同时也不可避免地带来了能耗的大幅度增加。因此，做好新建建筑的节能管理工作，对于当前我国实施节能减排和能源资源节约战略来说具有重要的现实意义。

第一节 新建建筑节能管理概述

一、新建建筑节能管理的含义

一般而言，管理是指一定组织中的管理者通过计划、组织、领导、控制等职能来协调管理对象的活动，通过充分利用各种资源工具，使既定目标得以实现。尽管管理在各行各业、各种组织中都有其专业特点，但作为一种基本的组织活动，任何领域的管理行为均具有对象性、过程性、复杂性等基本特征。

建筑节能管理是指通过计划、组织、领导、控制等一系列活动，在保证建筑物的使用功能和室内热环境质量的前提下，提高能源的使用效率，使节能降耗的目标得以实现的过程。广义的建筑节能管理活动涉及的内容广泛，是一项系统工程。从建设程序看，建筑节能管理涵盖规划、设计、施工、监理的全过程，通过建筑物的设计、建造以及对朝向、布局、地面绿化率、自然通风效果等性能进行规划能带来良好的节能效果；从建筑技术看，建筑节能管理还包括节能技术推广、限制及淘汰制度以及节能标准的编制与应用，如围护结构保温隔热技术、建筑遮阳技术、太阳能与建筑一体化技术、新型供冷供热技术、照明节能技术等；从建筑材料看，建筑节能管理的对象还包括墙体材料、节能型门窗、节能玻璃、保温材料等节能建筑部品、材料。此外，建筑物在使用和运行过程中的节能管理、既有建筑节能改造以及建筑节能经济激励政策等，都属于广义的建筑节能管理的范畴。

新建建筑节能管理一般是指以政府为代表的管理者，为实现建筑节能的社会利益和公众利益，通过法律、法规和强制性标准规定基本的质量目标，以特定的方式和手段，针对新建工程的建设过程进行整体、全面的建筑节能规划、指挥、协调和监督的总和。新建建筑节能管理包括两个方面的内容：一是以建筑工程的建设过程为对象，将建筑物的新建、扩建、改建等活动纳入建设工程节能质量管理的范畴，涵盖所有的工程建设活动；二是以建设活动的主体为对象，对参与工程建设的建设单位、勘察单位、设计单位、施工单位、工程监理单位、检测单位以及建筑材料、构配件、设备供应单位建设工程质量行为和活动实施节能监督管理，涵盖了建设工程节能质量的所有责任主体。

建筑物的全部性能质量都是在建设和施工的过程中形成的，为了有效地对建筑工程节能质量进行监督和管理，提高建筑物的综合性能和使用功能质量，必须加强施工过程中的监督与控制。新建建筑节能管理的目标是：一方面通过建立、健全建筑节能法律、法规体系，对建筑物节能性能的形成过程进行控制，保证纳入建筑节能内容的法规和标准得到认真执行；另一方面，通过健全建筑节能标准规范体系，保证有多种成熟、成套的节能技术标准可以应用，并有各种符合标准的节能材料、设备和仪表供应市场。

新建建筑节能管理的实质是对新建工程施工过程执行的建筑节能标准的状况进行全过程的监督和管理。即在从建筑材料部品的选用，到建筑物的设计、施工，再到工程的竣工验收的整个过程中，工程建设各方主体都必须遵照建设工程规划许可审批、施工图设计文件审查、施工许可证申领、建筑工程竣工验收、销售使用等一系列环节，严格履行对建筑工程的节能要求，保证最终建成并投入使用的建筑物在节能方面的质量。

二、新建建筑节能全过程管理的必要性

对整个工程建设中的节能状况进行全过程的管理，是一种对建筑工程节能质量进行事前干预为主、事后干预为辅的管理制度。新建建筑节能管理制度主要针对过程实施，结合了事前控制与事后控制的优点，可以有效地保证建筑工程在节能方面的质量。

1. 新建建筑节能的过程管理是建筑工程特殊性质的必然要求

住宅或房屋建筑在我国是一种特殊的产品，由于产权和土地所有权的分离，使得其仅能作为一种不动产具有不完全的流通性。建筑由其使用功能、平面与空间组合、结构与构造形式以及建筑产品所用材料的物理、化学性能的特殊性，决定了建筑的特殊性，建筑的这些特殊性决定了建筑节能的监管与一般产品的质量管理有很大的区别。一项房屋建筑工程的完成需要消耗大量的生产资料和相对较多的资源，这些生产资料和资源一旦通过劳动和技术凝结在一起构成房屋建筑的使用价值，就很难恢复到其原有的状态，因此，要保证房屋建筑的质量，就应该注重对房屋建筑从规划、设计到竣工验收的整个施工过程进行监管，否则，任何返工和修缮工作都会造成施工成本的增加和材料、资源的巨大浪费。从建筑节能的角度来讲，对新建建筑节能的全过程进行监管可以从工程建设的全过程保证建筑节能标准得到切实的执行，有效降低新建建筑能耗。

2. 新建建筑节能的过程管理保证了建筑节能标准的执行

建筑节能设计标准综合考虑了经济和社会效益等方面的要求，是建设节能建筑的基本技术依据，其中的强制性条文规定了主要节能措施、热工性能指标、能耗指标限值，是实现建筑节能目标的基本要求。但是从执行的过程来看，标准的实施并不是一个简单的问题。

建筑节能性能的形成过程可以视作一个组织系统，系统的目标及系统的输出是建筑的节能质量。系统的目标能否实现主要取决于参与主体的节能活动及其随之相伴的材料、部品、资金以及信息的流动、使用和组合。任何一个系统都不是孤立的，都是处于一定的环境之中的。形成建筑节能性能的相关环境主要是与建筑节能有关的国家法律、法规和工程建设强制性标准。相关权力部门的干涉和审批、强制性的依法监督、社会观念和意识形态的变迁等环境因素的变化，必然会影响建筑节能性能的形成过程。因此通过建筑节能管理制度的建立和完善，通过系统环境的改变对系统输入的每一个环节进行干预，保证建筑节能标准在系统运行的每一个环节中得以实现，才能够从过程中保证建设工程质量的形成。

3. 新建建筑节能过程管理有利于培育健全的建筑节能市场体系

我国目前建筑节能市场发育不全，存在着利益驱动部分失灵的问题。由于我国正处于城镇化高速发展的时期，尽管新增建筑规模巨大，仍不能完全满足市场的增长需求。供需的严重失衡使得开发商提高和改善房屋使用性能的动力不足，即使建筑节能性能不完善的房屋建筑，也可以在市场上销售，并获得满意的利润回报。增加住宅的节能设计，反而会增加开发成本，挤占房屋销售的利润空间。因此，建筑节能标准执行的实际情况往往是，即使在规划设计中包含了节能的内容，在施工过程中也往往难以保证达到节能标准。

此外，我国目前还没有建立相应的建筑能耗统计、检测、标识、认证及信息披露制度。公众无法了解建筑物的能耗对环境的影响，建筑物是否节能很难成为一种市场营销的指标。而且，我国现行的集中供暖方式及其付费方式等深层次的问题，也使得建筑节能难以推行。没有房屋购买者真正关心到底节了多少能，这些能值多少钱，用户在建筑节能方面的投入产出比是多少。因此，中国的建筑节能也就不具备吸引投资的能力，完全依靠行业自律和市场调节很难在较短的时间内实现建筑节能、降耗的目标。

因此，市场经济体制下借助行政力量的干预，建立建筑节能管理制度，全过程、全方位地对参与工程建设的各个行为主体的质量行为进行监督管理，体现了政府代表公众利益对建筑节能实施监督管理的客观要求。加强对相关主体行为的规范，可以积极引导建筑节能的发展方向，促进建筑节能市场的形成和完善。

三、我国新建建筑节能管理制度沿革

我国开展建筑节能工作始于20世纪80年代，在二十多年的发展过程中初步取得了一些成效，已从试点示范、积累经验的阶段逐步转向在全国范围内全面推广的阶段。回顾我国新建建筑节能管理工作的发展历程，主要有以下几个方面。

1. 建筑节能标准体系逐步形成

建筑节能标准是实现建筑节能目标的技术依据和基本准则，认真执行建筑节能标准是现阶段做好建筑节能工作的基本目标和要求。目前，我国民用建筑节能标准体系已基本形成，制定并强制推行了更加严格的节能、节水、节材标准，为我国全面开展建筑节能工作提供了有效的技术支持。

建设部从20世纪80年代中期就开始关注建筑节能问题，1986年发布了我国第一部居住建筑节能标准——《北方地区居住建筑节能设计标准》，1992年发布了我国第一部公共建筑节能标准——《旅游旅馆建筑热工与空气调节节能设计标准》。1998年《节约能源法》实施后，建筑节能标准编制工作力度加大，先后组织制定了夏热冬冷地区和夏热冬暖地区居住建筑节能设计、既有居住建筑节能改造、采暖通风、空调运行、墙体保温等十余项建筑节能标准。2004年中央经济工作会议后，围绕贯彻落实胡锦涛总书记关于"制定并强制执行更加严格的节能、节水、节材标准"的讲话精神，建设部发布了《公共建筑节能设计标准》，并组织开展了《建筑节能工程施工验收规范》、《节能建筑评价标准》等民用建筑节能标准的编制工作。

到目前为止，建设部从规划、标准、政策、科技等方面采取了一系列综合措施，先后批准发布了《北方地区居住建筑节能设计标准》、《夏热冬冷地区居住建筑节能设计标准》、《夏热冬暖地区居住建筑节能设计标准》、《公共建筑节能设计标准》、《民用建筑太阳能热水系统应用技术规范》等21项重要的国家标准和行业标准；组织开展了《建筑能耗数据采集标准》、《既有公共建筑节能改造技术规程》等27项有关标准的制订、修订；在全文强制的《住宅建筑规范》中也充分体现了建筑节能和资源节约的要求。

这些标准的先后制定与颁布实施，不仅解决了建筑节能、在建筑中应用可再生能源急需标准支持的局面，解决了建筑建设过程中一些环节没有节能标准可以依照的问题，填补了节能标准的多项空白，而且使民用建筑节能标准从《北方地区居住建筑节能设计标准》起步，扩展到覆盖全国各个气候区的居住和公共建筑节能设计，从采暖地区既有居住建筑节能改造，全面扩展到所有既有居住建筑和公共建筑的节能改造，从建筑外墙外保温工程施工，扩展到了建筑节能工程质量的验收、检测、评价、能耗统计、使用维护和运行管理，从传统能源的节约，扩展到了太阳能、地热能、风能和生物质能等可再生能源的利用，从而基本上实现了对民用建筑领域的全面覆盖，通过建立标准也促进了许多先进技术的推广。

2. 建筑节能立法工作

2007年10月28日《中华人民共和国节约能源法》的修订通过，使我国建筑节能管理有了明确的法律依据。与修订前的法律相比，新的节能法扩大了调整范围，并在第三章"合理使用与节约能源"中设专节对建筑节能作出规定，主要包括几个方面：（1）明确了建筑节能的监督管理部门为国务院建设主管部门及县级以上地方各级人民政府建设主管部门；（2）明确了建筑节能规划制度及既有建筑节能改造制度；（3）建立建筑能效标识制度；（4）规定了室内温度控制制度；（5）规定了供热分户计量及按照用热量收费的制度；（6）鼓励节能材料、设备以及可再生能源在建筑中的应用。《中华人民共和国节约能源法》作为一个宏观的能源节约法，从总体上对能源的管理、使用和技术进步做出了规定，是我国当前建筑节能工作的基本法律依据。

> 《中华人民共和国节约能源法》已由中华人民共和国第十届全国人民代表大会常务委员会第三十次会议于2007年10月28日修订通过，并以中华人民共和国主席令第七十七号公布，自2008年4月1日起施行。新的节能法扩大了调整范围，对建筑节能、交通运输节能和公共机构节能做出了专门的规定，切实增强了该法的可操作性。

除节能法之外，规范建筑工程领域的《中华人民共和国建筑法》第五十六条规定：建筑工程的勘察、设计单位必须对其勘察、设计的质量负责。勘察、设计文件应当符合有关法律、行政法规的规定和建筑工程质量、安全标准、建筑工程勘察和设计的技术规范以及合同的约定。设计文件选用的建筑材料、配件和设备，应当注明其规格、型号、性能等技术指标，其质量要求必须符合国家规定的标准。2005年发布的《中华人民共和国可再生能源法》第十七条针对太阳能在建筑中的应用做出了明确的规定：国家鼓励单位和个人安装和使用太阳能热水系统、太阳能供热采暖和制冷系统、太阳能光伏发电系统等太阳能利用系统。国务院建设行政主管部门会同国务院有关部门制定太阳能利用系统与建筑结合的技术经济政策和技术规范。房地产开发企业应当根据前款规定的技术规范，在建筑物的设计和施工过程中，为利用太阳能提供必备的条件。对已建成的建筑，住户可以在不影响其质量与安全的前提下安装符合技术规范和产品标准的太阳能利用系统；但是，当事人另有约定的除外。《建设工程质量管理条例》第十九条规定：勘察、设计单位必须按照工程建设强制性标准进行勘察、设计，并对其勘察、设计的质量负责。建设部于2005年重新修订了部门规章《民用建筑节能管理规定》，并于2006年1月1日重新开始实施。此外建设部还制定了建筑节能"十五"计划部门纲要，对建筑节能工作的开展做出了专门规划。

上述法律规范构成了我国新建建筑节能管理工作的重要法律依据。

第二节 国外新建建筑节能管理的实践和启示

世界各国政府在20世纪70年代发生的石油危机之后都已认识到能源问题的严峻性，普遍把建筑节能作为国家的大政方针来抓。国外的经验证明，强制执行节能标准是促进新建建筑节能的有效途径，世界上多数发达国家和地区在建筑节能上取得了不同的成效。由于各国的国情有很大的不同，资源、能源的储备和消耗也有很大的差异，各国推进新建建筑节能的措施就各有侧重，但分析国外各发达国家和地区推动新建建筑节能的实践，可以得到一些对国内有借鉴意义的经验和启示。

一、依靠节能行政法规和强制性标准规范是有效实施新建建筑节能管理的前提

国外的经验表明：节能法律、法规及强制性标准是开展建筑节能的依据，通过国家立法和颁布相关法规的方式明确新建建筑节能相关技术标准或相应管理措施的法律地位是保证此项制度成功实施的重要前提。多数发达国家结合本国的特点，相继制定、实施了一系列节能法律、法规，对节能技术的研究、推广予以保证，其中包含了建筑节能的相关内容。同时，把强制执行节能标准作为促进新建建筑节能的有效途径，其中美国和欧盟在这方面的工作比较典型。

1. 美国

美国在20世纪70年代就制定了一系列节能法律、法规：1975年出台了《能源政策和节能法案》，核心是能源安全、节能及提高能效；1992年制定了《国家能源政策法》，这是能源供应和使用的综合性法律文本；2005年8月8日，美国总统布什签署了《2005能源政策法案》，这是美国自1992年能源政策法案以来颁布的最为重要的一部能源政策法律。上述法律、法规中都有保护建筑节能的相关内容。

在标准规范方面，早在20世纪70年代末80年代初，能源危机就促使美国政府开始制定并实施建筑物及家用电器的能源效率标准。美国相继颁布了《新建建筑节能暂行标准》、《新建建筑节能设计及评价标准》，其主要措施是普遍降低室内温、湿度标准，改善围护结构的保温隔热性能。1989年美国采暖制冷空调工程师学会（ASHRAE）制定了《除低层住宅以外的新建建筑物的节能设计标准》和《新建低层住宅建筑节能设计标准》。在《1992年能源政策法案》中，美国实现了节能标准从规范性要求到强制性要求的转变。《2005年能源政策法案》将节能标准进一步提高，其中规定：联邦建筑（包括各种工业或实验室设施）在2006～2015年（以2003财政年度为基准)内，平均每平方英尺的耗能量减少20%。这些建筑节能标准规范取得了较好的实施效果，为美国政府制定实施更高的节能标准奠定了良好的基础，而这些标准在不同的州也有不同的具体内容和要求。加州、纽约州等经济比较发达的州，建筑节能标准比联邦政府标准还要严格。比如，作为加州最主要的节能管理政府机构，加州能源委员会（CEC）制定和实施了美国最严格的建筑物和家电的节能标准和标识体系，这些标准每隔几年（一般为3～5年）就更新一次，以充分考虑新技术的不断发展。

2. 欧盟

欧盟采取了一系列卓有成效的措施，取得了显著的效果。2002年12月16日，欧洲议会和欧盟理事会在布鲁塞尔通过了《欧盟建筑能源性能指令（2002/91/EC）》（以下简称《欧盟指令》），规定欧盟成员国要至少在2006年1月4日开始贯彻实施建筑节能新措施。在新建建筑节能管理方面，《欧盟指令》规定：成员国要采取必要的措施，保证根据建筑能耗性能计算方法（算法可根据地域的不同而不同）确定出建筑能耗性能的最低标准。在确定最低标准时，新建建筑、既有建筑与不同类型的建筑可以区别对待，但要考虑到一般的室内空气环境（比如通风不足）、当地的具体条件、某种特定功能的建筑和建筑寿命等因素，以免出现负面影响。对这些要求要采取间隔期少于五年的定期检查制度，如果必要，为了体现建筑方面的技术进步，可以提高要求。

对于使用面积超过1000平方米的新建建筑，成员国在施工前要考虑诸如热泵、热电联产、区域供热或制冷、分散式可再生能源供应系统等备选系统方案，并进行技术、环境和经济的可行性分析与研究，以确保新建建筑达到能耗性能的最低要求。

二、建立和完善建筑节能政府管理体制和机构是新建建筑节能管理的重要基础

建筑节能管理机构是推进建筑节能工作的重要方面，世界各国都有政府机构管理节能工作，但机构设置和职能不尽相同，比较典型的是美国和日本的节能管理体制。

1. 日本

日本是节能管理体制比较完善的国家，特别是从上至下建立了一套能源管理机构和咨询机构。政府内阁一级有"省能省资源对策推进会议"，议长由首相府总务长官担任，会议成员由政府各有关部门负责人及学者专家组成，该会议负责讨论审定能源政策、法令制度。政府部一级有通产省下设的资源能源厅，主管全国的能源工作，负责组织制定使用能源的长远规划和方针政策，并在资源能源厅内设有咨询参谋机构"综合能源调查会"，由有关财团、商社负责人和专家参加，组织调查和讨论修改国内能源政策问题，向政府提出建议。

在建筑节能管理体制方面：一是在资源能源厅内成立"隔热材料节能制度研究委员会"、"节能建材和设备标准化调查委员会"等机构，专门研究建筑节能问题；二是在建设省有"住宅节能研究会"、"建筑节能交流会"、"节能住宅体系开发机构"、"建筑物节能对策推进方针会议"等，研究建筑节能政策和技术措施。另外，在资源能源厅下，设立一个半官方的全国性民间组织——节能中心，主要任务是总结交流节能工作经验，针对中小企业进行技术指导并培训能源管理人员，起节能技术情报中心的作用。民间的建设公司、设计公司、设计事务所等企业，在参加政府有关节能活动的同时，还独立进行节能技术开发工作。日本这种自上而下、一环扣一环的节能管理体制，对我国建筑节能管理体制和管理机构的完善是很有参考价值的。

2. 美国

美国负责能源管理的政府机构分为国家（联邦）和地方（州政府）两个层次（图3-1）。其中，美国能源部（DOE）是最主要的政府机构，具体负责美国能源政策的制定和执行。同时，美国环保署（EPA）和联邦能源管理机构（FERC）也是推动美国节能工作的辅助部门。此外，在大部分州政府设有相应的能源管理部门，负责各州的节能工作，执行国家的能源政策，例如加州能源委员会。非政府部门是沟通政府部门和市场的纽带和桥梁，在

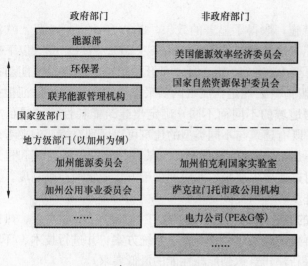

图 3-1 美国节能管理机构示意图

美国的节能工作中起着非常重要的作用。一方面，它们帮助政府制定相关的能源政策、节能标准和激励政策；另一方面，它们在能源政策和节能标准的实施过程中发挥着重要的作用。例如，政府会委托它们对节能产品性能进行抽查，产品厂家可委托它们对自己生产的产品进行性能检测，以提高产品的信誉。此外，它们在宣传节能政策和节能产品及提高人们的节能意识方面，也做了大量的工作。这些非政府部门主要包括科研单位、大学、实验室，还包括一些相关的节能咨询公司。美国著名的非政府机构有美国能源效率经济委员会（ACEEE）以及美国自然资源保护委员会（NRDC）。而地方级推动节能的非政府部门（以加州为例）有加州伯克利国家实验室（LBNL）、萨克拉门托市政公用机构（SMUD）、南加州爱迪逊电力公司（Edison）等机构。

三、加强过程监督和管理是实现新建建筑节能管理的核心

国外的实践表明，建筑工程项目的过程和节能质量形成的过程决定了新建建筑节能管理的核心是加强建筑的规划、设计、施工、竣工验收等各项过程的监督管理。

1. 俄罗斯"能源护照计划"

1994年初，莫斯科市开始实施"能源护照计划"，这个计划是《莫斯科新节能管理条例》的一部分。"能源护照"是份文件，是任何新建建筑都需要呈递的设计、施工和销售文件的一部分。在建筑设计、施工、竣工的每个关键环节中，"护照"都会记录建设项目执行市政府节能标准的情况。"护照"从节能的角度成为控制设计、施工质量的主要手段，正式记录了执行有关节能规定的程度。例如，1998年，由于设计不符合标准，25%的设计方案被送回原设计师。当一栋建筑物竣工后，"能源护照"就成了公共文件，向可能购买住房的客户提供该建筑物具体的节能信息。因此，"能源护照"有调节和开拓市场的双重功能，它既是跟踪和强制贯彻建筑节能标准的手段，也是供买方参考的政府认证的"节能标识"。此外，节能效率超过节能规范所规定的最低标准后，用户可持"能源护照"申请热价优惠的政策，节能效率越高，所得到的热价优惠幅度就越大。

2. 欧盟建筑节能监管制度

建筑节能监管是建筑节能工作的一项重要内容，欧盟主要通过制定法律、法规和加强组织管理机构建设和完善管理制度等措施，不断健全建筑节能监管体系。

（1）节能审查制度。欧委会需要在专业委员会的指导下，根据实施中取得的经验对欧盟指令进行评估。若有必要，可对使用面积小于 $1000m^2$ 的既有建筑节能改造的可行的补充措施和进一步发展建筑节能措施的综合激励政策方面提出建议。

（2）独立专家制度。成员国要保证建筑认证、提出相应建议、锅炉检查和空调系统检

查等工作由具备相应资质的或可信的独立专家或受国企或私企委托的专家独立完成。

四、建立建筑能效测评标识体系是实现新建建筑节能管理的技术依据

建筑能效测评标识是近年来在发达国家发展起来的一种建筑节能管理方式，国外的经验表明，建立建筑能效测评标识体系是实现新建建筑节能管理的技术依据。只有对新建建筑的节能性能进行最终的技术把关，才能确保进入市场的建筑物是达到节能标准的建筑。在国外实施建筑能效标识的实践中比较成功的建筑能效标识项目有：美国能源部和环保局组织实施的"能源之星"建筑标识项目、德国能源服务公司（DENA）发起的"建筑物能耗认证证书"项目以及欧盟的"建筑能耗性能证书"等。

1. 美国的"能源之星"建筑能效标识计划

美国"能源之星"（Energy Star）是目前世界上较为成功的能效标识。1992年，美国能源部（DOE）和环保局（EPA）开始实施能源之星计划，它是一种自愿性保证标识。1998年开始实施能源之星建筑标识，其主要对象是商用建筑和新建住宅建筑。"能源之星建筑"由能源部和环保署共同颁布统一的标准和指标，要求建筑物的能耗至少低于美国《节能模式规范》中的能耗指标的30%~50%。其实施程序为：1. 由建筑业主自愿向第三方测评机构提出申请；2. 测评机构对提出申请并经查验遵循一定的质量管理程序而建造的建筑进行测试，整个测评过程由一个工具软件完成，建筑业主须按测评软件的要求填写各项参数，进行有关测试，测试结果按100分计，75分以上的建筑授予节能之星标识，并将该标识镶贴在建筑物上。

2. 欧盟的"建筑物能耗认证证书"

在提高能效方面，欧盟一直走在世界的前列。欧盟建筑能效标识是一种分级比较标识，以建筑能耗性能证书的形式体现。为了确保建筑能效信息的完整性、准确性和真实性，欧盟指令对建筑能耗性能证书做了以下规定。

（1）成员国要确保在建筑物竣工、出售或出租时，可以向房主或由房主向买主或租房者提供一份建筑能耗性能证书，证书的有效期不应超过10年。对于共有供热系统的公寓，可进行整个建筑的一般认证，或参照同一公寓内某一个有代表性的单元进行评估，使用整栋建筑的统一能耗性能证书即可。

（2）能耗性能证书要有参考价值（比如现行的法定标准和基本指标），以便用户对比评价建筑的节能效果。证书中还应包含改进能耗性能的建议。

（3）能耗性能证书的目的只限于提供信息，任何与证书结果有关的法定程序或其他方面都要根据国家法规来决定，具体可参考欧共体条约第一百七十五条规定。

（4）成员国要采取措施保证使用面积在1000 m^2 以上的由政府部门或公共机构使用的建筑，其能耗性能证书应放置在公众比较容易看到的明显位置。在允许的情况下，可以将推荐的以及实际的室内空气温度和其他相关的空气参数列出。

例如，英国近期将推行的建筑能效证书涉及以下几个方面。

1) 能效认证（EPCs）

该认证适用于所有建筑，在建筑的修建、销售和出租中必须具有。对于新建建筑，在建筑竣工时建筑商必须通过认证，提供给开发商。在销售时，开发商必须保证认证对所有的购房者是有效的，在签订销售合同时向购房者提供。从2007年6月开始，居住建筑的出售在住宅信息说明中必须包含能效认证。

2) 能效认证披露

该认证适用于大型公共建筑（占地面积 1000m² 以上的公共建筑），要求在建筑的建造、销售和出租中必须具有，并在建筑公开的位置明示。该项认证将于 2008 年 4 月 6 日实施。

家庭能效认证是根据单位面积或者楼层面积来确定的，能效是以燃料成本和 CO_2 排放量为主要指标的环境效应为测量基础的。能效等级是对家庭整体用能效率的衡量。等级越高，家庭的能效就越高，燃料费用也就越低，如图 3-2 所示。

环境影响等级是家庭对环境影响大小的测量，主要考虑 CO_2 排放量。等级越高，对环境的影响就越小，如图 3-3 所示。

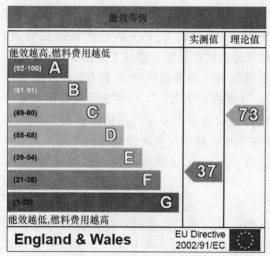
图 3-2　能效等级示意图

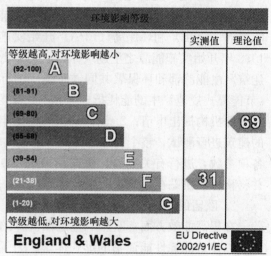
图 3-3　环境影响（CO_2）等级

第三节　国内新建建筑节能管理的实践及发展趋势

一、国内新建建筑节能管理的实践

在 20 多年的新建建筑节能管理的实践中，各级建设行政主管部门摸索、积累了丰富的管理经验，比较典型的有以下几个方面。

1. 全国建筑节能专项检查

为了进一步提高全社会建筑节能意识，增强对抓好建筑节能工作重要性和紧迫性的认识，督促各地严格执行建筑节能强制性标准，落实国家和建设部关于建筑节能的政策措施，总结各地建筑节能工作中的经验和做法，及时发现存在的问题并提出改进措施。建设部于 2005 年开始组织全国建筑节能专项检查。建筑节能专项检查是指由建设部组织的专项检查组每年对全国各省、直辖市及相关地、市开展的建筑节能工作的情况进行检查，其中很重要的一个方面是各地新建建筑执行建筑节能标准的情况。通过近几年的节能专项检查，各地新建建筑执行节能标准的情况有了明显的改善，节能建筑的比例不断提高。截至 2006 年底，各地建设项目在设计阶段执行节能设计标准的比例为 95.7%，施工阶段执行节能设计标准的比例为 53.8%，与 2005 年相比，均提高 30 多个百分点。

2. 部分城市逐步实施节能全过程监督管理制度

我国各地方建设主管部门在从事新建建筑管理的过程中逐步摸索出了一些先进的管理经验和方法，尤其是河北省唐山市，率先实施建筑节能"闭合式管理"程序。

所谓"闭合式管理"，即工程从开工建设到竣工验收，必须遵循建设项目可行性研究报告或设计任务书的编制、施工图设计、施工图设计审查、工程施工、工程建设施工监理、建筑节能竣工验收、供热与采暖、建筑节能稽查这一系列程序，是对工程建筑节能进行全过程管理的制度。实质上，闭合式管理是一种在工程建设项目的全生命周期中实施的一种过程式管理模式。

唐山市2001年制定并实施了"建筑节能闭合管理程序"，强化建筑节能管理，突出抓好设计、施工、验收三个环节：(1) 建筑节能专项审查合格后，办理建筑节能备案手续，否则，不准开工建设；(2) 严肃查处不按设计施工、擅自修改节能设计等违规行为，确保建筑节能工程的质量；(3) 未经节能专项验收或达不到节能标准的建设项目，责令限期整改，否则，不准办理竣工验收备案手续。通过"建筑节能闭合管理程序"，建筑节能工作取得了明显的成效。2001年至2006年的六年间，全市竣工节能建筑面积1200万m^2，建筑节能设计标准执行率达到100%，新型墙材占墙材总产量的比例达到75%，新型墙体材料应用率达到90%以上，实现节约土地413hm^2，节约标煤64.5万t。

3. 国内的能效测评标识的实践

相对于欧美国家，我国的建筑能效测评标识发展缓慢，相应的制度正在逐步建立，而且国内的一些科研机构、高校也进行了建筑能效测评标识相关技术的研究、探索。

目前，建设部已经研究起草了《民用建筑能效测评与标识管理办法》、《民用建筑能效测评与标识技术导则》和《民用建筑能效测评机构管理办法》等文件，规定了建筑能效测评标识管理的职责、程序、技术准则及测评机构管理等内容，一些城市开展了建筑能效测评标识的试点工作，为全面实施建筑能效测评标识积累了经验。

2006年，建设部与科技部联合发布了《绿色建筑评价标准》。据悉，这是我国颁布的第一个关于绿色建筑的标准。《绿色建筑技术导则》由中国建筑科学研究院主编。《绿色建筑评价标准》中建立了绿色建筑指标体系，绿色建筑指标体系由节地与室外环境、节能与能源利用、节水与水资源利用、节材与材料资源、室内环境质量和运营管理六类指标组成。这六类指标涵盖了绿色建筑的基本要素，包含了建筑物全寿命周期内的规划、设计、施工、运营管理及回收各阶段的评定指标的子系统。

国家标准《住宅性能评定标准》是2006年颁布实施的。《住宅性能评定标准》适用于城镇新建和改建住宅的性能评定，不是单纯的评优标准，反映的是住宅的综合性能水平，体现节能、节地、节水、节材等产业技术政策，倡导一次装修，引导住宅开发和住房理性消费，鼓励开发商提高住宅性能等。在《住宅性能评定标准》中，住宅性能分为适用性能、环境性能、经济性能、安全性能、耐久性能五个方面，根据综合性能高低，将住宅分为A、B两个级别。

二、国内新建建筑节能管理存在的问题

从总体上看，我国新建建筑节能管理工作取得了一些成效，但目前仍然存在一些主要的问题，主要有以下几个方面。

1. 现有建筑节能标准执行效果不佳

与国外相比，我国的建筑节能立法和标准制定起步较晚，尽管《民用建筑节能设计标准（采暖居住建筑部分）》、《公共建筑节能设计标准》等相关标准规范的强制性条文在促进节能建筑物的建设，提高能源利用效率和经济效益上有着深远的意义，但执行效果不够理想。新建建筑执行节能设计标准的执行情况差异很大：一是地区间的差异。总的来看，北方地区由于建筑节能设计标准颁布较早，进展较快，而过渡地区和南方地区则进展较慢，尚处于起步阶段。在同一个省（市、区），一般经济较发达的地区工作进展较快，而经济欠发达地区则工作相对滞后。2004年建设部组织抽查了全国一些主要城市的3000多栋新建建筑，发现北方采暖地区、过渡地区、南方地区新建建筑施工图设计审查节能标准达标率平均分别为80％、20％、10％，但竣工后达到节能标准的平均分别为60％、10％、8％。总体来讲，各区域气候差异较大，特别是过渡地区和南方地区新建建筑执行建筑节能标准的比例较低。二是城乡间的差异。目前建筑节能工作主要在城区展开，各项措施、各个环节落实较好，而在城区以外，尤其是农村及乡镇地区，建筑节能工作没有得到开展，新建建筑基本没有执行节能设计标准，相关的管理措施也没有到位。

2. 新建建筑节能市场主体缺少利益驱动

我国的市场经济尚未完全成熟，建筑工程领域市场体系发展尚未健全，而建筑节能市场作为一个新兴的领域更是尚待启动。建筑节能设计标准是建设节能建筑的基本技术依据，其中强制性条文规定了主要节能措施、热工性能指标、能耗指标限值，考虑了经济和社会效益等方面的要求，必须严格执行。但是从实际执行中看，由于缺少经济利益驱动，房地产开发商或建设单位基于建设开发的成本考虑，往往不愿意设计开发节能住宅。此外，中国现行的集中供暖方式及其付费方式也无法带动建筑节能产业化的发展。因为没有用户真正关心到底节了多少能，这些能值多少钱，用户在建筑节能方面的投入产出比是多少，所以这就使得新建建筑节能很难成为市场本身的需要。在市场销售过程中，房屋本身的节能水平也无法成为一个非常重要的参考指标，因此，中国的建筑节能也就缺乏吸引建设开发单位投资的能力，需要借助政府的力量完善建筑节能的市场体系。在很多情况下，一些地方和单位即使在规划设计中包含了建筑节能的内容，在施工、监理过程中也常常基于建设开发单位的要求，不执行或擅自降低节能设计标准，导致新建建筑难以保证节能标准的实行，加之缺乏相关的法律依据，惩罚措施操作性不强、力度不够，因而不同程度地存在建筑能源浪费的问题。

3. 新建建筑节能政府监管职责不到位

我国的建筑市场领域经过近二十年的发展，已经形成了一个比较完整和规范的建筑工程基本建设程序，国家也相继出台了多部法律、法规、规章对此进行调整和规范，例如《建筑法》、《工程质量管理条例》等。这些法律规范一方面明确了建设、设计、施工、监理单位等主体之间责、权、利的法律关系，另一方面也规范了政府管理部门对这一领域行使行政管理权限的方式和程度。据此，相关建设行政主管部门应当对新建建筑切实执行节能标准强制性条文实施有效的监督管理。但是由于对建筑能耗现状缺少应有的重视，建筑节能标准的执行情况通常不被视为政府监管职责的重要方面，或者仅针对建筑施工过程中的某一两个环节执行建筑节能标准的情况进行监督，往往顾此失彼。管住规划设计、漏掉施工建设，管住图纸审查、漏掉质量监督。尤其在竣工验收环节常常忽视对建筑节能设计的验收，因此无法形成对施工工程的全过程的监管,造成很多新建建筑在竣工验收、投入使用后并没有完全执行节能标准,结果成为事实上并不节能或节能效果不佳的既有建筑。

4. 建筑节能管理机构的设置及其职责权限不明确

建筑节能管理工作存在着诸如机构设置、人员编制、资金来源、权限划分、工作协调等诸多实际困难。目前各省市的建筑节能管理工作一般由建设厅（建委）的科技处来负责。由于建筑节能工作涉及众多管理部门和机构的职责和权限，需要各个部门之间统筹规划、全面推进。科技处由于职权所限，只能在其职能范围内开展工作，必然会影响到建筑节能工作的效率。而且在现行财政体制的制约下，人员编制和管理经费也很难调整和增加，导致地方建筑节能法规、标准、规程的编制，建筑节能知识的宣传和相关人员的培训等工作都遇到很大的障碍。

5. 尚未建立起有效的建筑能耗标识、披露机制

我国目前还没有建立相应的建筑能耗统计、测评、标识及信息披露制度。我国目前建筑能效测评、标识发展缓慢，其根本原因在于：1. 我们还没有建立起一整套有效规范其顺利实施的制度，而且没有相应的立法来对节能建筑及节能建材、产品的生产、使用进行约束，造成质量低劣的节能建材、产品充斥市场；2. 管理部门、购房者甚至是建设单位本身对建筑能效实际情况的了解信息不对称；3. 政府对新建建筑市场准入的节能管理缺乏依据；4. 不利于量化建筑节能效益和建筑节能部品、材料的推广。

三、国内新建建筑节能管理的发展趋势

根据近年来我国新建建筑节能管理中存在的问题，结合我国建筑节能工作的实际情况，我国新建建筑节能管理的发展趋势有以下两个方面：一是建立新建建筑节能过程管理模式，从建筑材料、部品的研发、生产，到建筑的规划、设计、施工、竣工验收等环节严格把关，实施全过程闭合式管理，保证新建建筑严格执行节能标准；二是建立建筑能效测评标识制度，为新建建筑节能管理及市场准入提供技术支持和依据，解决建筑节能领域存在的信息不对称现象，使建筑节能的相关责任主体明确各自的责任和义务。

第四节 新建建筑节能的过程管理模式

实施管理的活动是一种程序活动，管理目标的实现是通过具体的执行过程来达到的，而每一个具体的执行过程则是复杂而又缜密的程序过程。在这些程序中，充满了保证整个程序顺利进行的技术性要求，只有依照这些技术性要求和实体的内容完成程序，产生的结果才是正式的和有效的。程序的设定保障了管理活动的有序进行，也保证了管理活动在运动中不受随意性支配。

从建筑节能性能的形成过程来看，要通过管理制度对建筑工程节能质量进行控制，必须保证监督管理的控制力量能够渗透到节能质量形成的每一个环节中去。因此对新建建筑的节能状况实施全过程的管理，关键是对节能管理控制点的选取和设置。设置管理控制点是行之有效的管理方法，是节能质量监督体系的一个重要的组成部分，它充分体现了"完善手段，过程控制"的管理思想。设置建筑工程节能质量监督控制点，对施工过程进行监督，实际上就是对施工过程中影响节能质量的系统性因素进行控制，查找异常波动的原因，事前采取有效措施加以排除，使施工过程处于稳定的受控状态。

设置建筑工程节能质量监督控制点,就是结合建筑工程的特点和节能质量的要求,选择那些保证质量难度大的,对质量影响大或者是发生质量问题时危害大的环节作为节能质量监督控制点。一般针对影响建筑工程节能质量的关键工序,如建设工程规划许可、施工图审查及施工许可、工程竣工验收以及相关主体责任履行等实行重点节能质量监督管理,如图3-4所示。

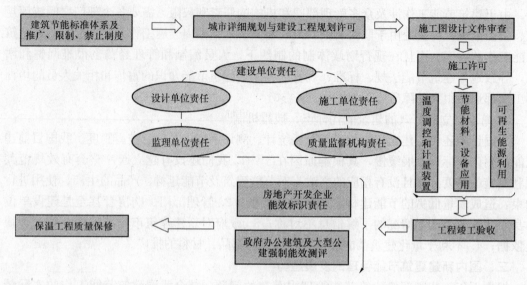

图3-4 新建建筑节能过程管理示意图

建筑工程节能质量监督控制点的设置是基于建筑工程本身的程序对新建建筑节能设立的监管程序。依据我国目前对新建建筑节能质量监督管理的政策法规和标准体系,这些控制点包括以下几个方面。

1. 建筑节能材料技术的推广、限制、淘汰制度

推广、限制、淘汰制度是指国家通过制定法规、政策或目录的方式,推广新技术、新工艺、新材料、新设备或新产品,对浪费资源或严重污染环境的落后生产技术、工艺、设备和产品实行限期淘汰的制度。我国《民用建筑节能条例》的第十条规定:国务院建设主管部门负责组织制定并建立健全民用建筑节能标准体系,国家鼓励制定、采用优于国家民用建筑节能标准的地方民用建筑节能标准。第十一条规定:国家推广使用民用建筑节能的新技术、新工艺、新材料和新设备,限制使用或者禁止使用能源消耗高的技术、工艺、材料和设备。国务院节能工作行政主管部门、建设主管部门应当制定、公布并及时更新推广使用、限制使用或者禁止使用目录。国家限制进口或者禁止进口能源消耗高的技术、材料和设备。建设单位、设计单位、施工单位不得在建筑活动中使用列入禁止使用目录的技术、工艺、材料和设备。

目前我国在《建设领域推广应用新技术管理规定》(建设部令第109号)中对于建筑节能技术、部品和材料有明确定义:新技术,是指经过鉴定、评估的先进、成熟、适用的技术、材料、工艺、产品;限制、禁止使用的落后技术,是指已无法满足工程建设、城市建设、村镇建设等领域的使用要求,阻碍技术进步与行业发展,且已有替代技术,需要对其应用范围加以限制或者禁止使用的技术、材料、工艺和产品。

我国当前其他与建筑节能技术、部品和材料的推广、限制、禁止直接相关的政策、法规主要有：《推广应用化学建材和限制禁止落后技术与产品管理办法》（1999年）、《当前国家重点鼓励发展的产业、产品和技术目录》（2000年）、《建设领域推广应用新技术管理规定》（建设部令第109号）、《新型墙体材料专项基金征收和使用管理办法》（财综〔2002〕55号）、《关于进一步推进墙体材料革新和推广节能建筑的通知》（国发〔2005〕33号）、《关于进一步做好建筑业10项新技术推广应用的通知》（建质〔2005〕26号）。这些法规从不同层面对推广应用新技术，限制、禁止使用落后的技术、部品和材料予以了规范。

2. 建筑节能规划与建设工程规划许可

节能规划是指导国家、地方和部门节能工作的纲领性文件，在我国20年来取得的节能成就中发挥了不可替代的作用。节能规划主要根据未来的能源供求关系确定节能量。在具体实施中，主要是通过行政手段自上而下将所计划的节能指标分配给各个地区和部门，由各地区和部门具体执行。

我国《民用建筑节能条例》的第十二条规定，县级以上地方人民政府规划主管部门在编制城市详细规划、镇详细规划时，应当按照民用建筑节能的要求，确定建筑的布局、形状和朝向。县级以上地方人民政府规划主管部门依法对民用建筑进行规划审查，应当就设计方案是否符合民用建筑节能强制性标准征求同级建设主管部门的意见。对不符合民用建筑节能强制性标准的，不得颁发建设工程规划许可证。建设主管部门应当自收到征求意见材料之日起10日内提出意见，征求意见时间不计算在规划许可的期限内。

3. 施工图设计文件审查与施工许可

建筑工程施工图设计文件审查是为了加强工程项目设计质量的监督和管理，保护国家和人民生命财产安全，保证建筑工程设计质量而实施的行政管理。国务院《建设工程质量管理条例》第十一条规定：建设单位应当将施工图设计文件报县级以上人民政府建设行政主管部门或者其他有关部门审查……施工图设计文件未经审查批准的，不得使用。

目前施工图设计文件审查，包括了对建筑工程是否执行了建筑节能强制性标准进行审查。《民用建筑节能条例》第十三条规定，施工图设计文件经审查不符合民用建筑节能强制性标准的，县级以上地方人民政府建设主管部门不得颁发施工许可证。

施工许可制度是我国建筑工程领域一项重要的行政许可制度。建设工程必须取得施工许可证或具有按国务院规定的权限和程序批准的开工报告，方可施工。

依据建设部有关部令的规定，申请建筑工程施工许可证应当报送以下材料：建设用地规划许可证；建设工程规划许可证；拆迁许可证或施工现场是否具备施工条件，一般应由施工企业主要技术负责人签署是否已经具备施工条件的意见，报发证机关审查；中标通知书及施工合同；施工图纸技术资料；施工组织设计；监理合同或建设单位工程技术人员情况；质量、安全监督手续；资金保函或证明；其他有关资料。

在申领施工许可证的过程中对施工图设计文件的送审情况进行的查验，虽然属于形式上的审查，但对于施工图设计文件执行建筑节能强制性标准的合格情况同样进行了再次的核验，对不具备合格条件的施工图设计文件不予颁发施工许可证。

4. 建设单位、设计单位、施工单位、监理单位的节能义务按照《民用建筑节能条例》第十四、十五、十六条的规定，建设单位不得明示或者暗示设计单位、施工单位违反民用建筑节能强制性标准进行设计、施工，不得明示或者暗示施工单位使用不符合施工图设计文件要求的墙体材料、保温材料、门窗、采暖制冷系统和照明设备。按照合同约定由建设单位采购墙体材料、保温材料、门窗、采暖制冷系统和照明设备的，建设单位应当保证其符合施工图设计文件的要求。设计单位、施工单位、工程监理单位及其注册执业人员，应当按照民用建筑节能强制性标准进行设计、施工、监理。施工单位应当对进入施工现场的墙体材料、保温材料、门窗、采暖制冷系统和照明设备进行查验，不符合施工图设计文件要求的，不得使用。工程监理单位发现施工单位不按照民用建筑节能强制性标准施工的，应当要求施工单位改正，施工单位拒不改正的，工程监理单位应当及时报告建设单位，并向有关主管部门报告。墙体、屋面的保温工程施工时，监理工程师应当按照工程监理规范的要求，采取旁站、巡视和平行检验等形式实施监理。未经监理工程师签字，墙体材料、保温材料、门窗、采暖制冷系统和照明设备不得在建筑上使用或者安装，施工单位不得进行下一道工序的施工。

5. 工程竣工验收及备案

竣工验收是建设项目全过程的最后一个程序，是全面考核建设工作、检查设计、工程质量是否符合要求，审查投资使用是否合理的重要环节，是投资成果转入生产或使用的标志。

依照《民用建筑节能条例》的第十七条规定：建设单位组织竣工验收，应当对民用建筑是否符合民用建筑节能强制性标准进行查验，对不符合民用建筑节能强制性标准的，不得出具竣工验收合格报告。

6. 温控、计量装置及可再生能源的利用

《民用建筑节能条例》第十八条规定：实行集中供热的建筑应当安装分户室内温度调控装置，并安装分栋或者分户用热计量装置和供热系统调控装置，公共建筑还应当安装用电分项计量装置。各项计量装置经依法检定合格方可使用。第十九条规定：建筑的公共走廊、楼梯等部位，应当安装、使用节能灯具和电气控制装置。

《民用建筑节能条例》第二十条同时规定：对具备可再生能源利用条件的建筑，建设单位应当选择合适的可再生能源，用于采暖、制冷、照明和热水供应等。建设可再生能源利用设施，应当与建筑主体工程同步设计、同步施工、同步验收。

7. 新建建筑能效标识

国家机关办公建筑和大型公共建筑的所有权人应当对建筑的能源利用效率进行测评和标识，并将测评结果予以公示，接受社会监督。国家机关办公建筑应当安装、使用节能设备。其中，大型公共建筑是指单体建筑面积2万m^2以上的公共建筑。

房地产开发企业销售商品房，应当向购买人明示所售商品房的能源消耗指标、节能措施和保护要求、保温工程保修期等信息，并在商品房买卖合同和住宅质量保证书、住宅使用说明书中予以说明。

8. 保温工程最低保修期

在正常使用条件下，保温工程的最低保修期限为五年。保温工程的保修期，自竣工验收合格之日起计算。保温工程在保修范围和保修期内发生质量问题的，施工单位应当履行保修义务，并对造成的损失依法承担赔偿责任。

第五节 建筑能效的测评标识制度

建筑能效测评标识是近年来在发达国家发展起来的一种基于市场的建筑节能管理方式，它解决了目前建筑节能领域存在的信息不对称的现象，使建筑节能的相关责任主体明确了各自的责任和义务，提高了责任主体的节能积极性，并改变了现有的以行政监管为主的政府节能管理方式，是建筑节能领域中一种创新性的管理机制。建筑能效测评标识制度的实施，有利于从市场的角度推动建筑节能，解决目前我国建筑节能管理手段单一的现状，有利于培养社会公众的建筑节能意识，带动节能建筑的市场需求，提高开发商、材料生产商的积极性，对于促进建筑节能的制度创新，大力推进建筑节能工作，实现"十一五"期间的节能目标具有非常重要的意义。

一、概述

（一）建筑能效标识的概念

能效标识是能源效率标识的简称，是指表示用能产品能源消耗量、能源效率等级等性能指标的一种信息标识，属于产品符合性标志的范畴。能效标识可以是自愿性的，也可以是强制性的。

能效标识主要有三种类型：一是保证标识。保证标识主要是对符合某一指定标准要求的产品提供一种统一的、完全相同的标签，标签上没有具体的信息。这种标识通常针对能效水平排在前 10%～20% 的用能产品，它主要用来帮助消费者区分相似的产品，使能效高的产品更容易被认同。美国的能源之星就属于保证标识。二是比较标识，比较标识主要是通过不连续的性能等级体系或连续性的标尺，为消费者提供有关产品能耗、运行成本或其他重要特性等方面的信息，这些信息容易被消费者理解。根据表示的方法不同，比较标识可进一步分为能效等级标识和连续性比较标识两类。三是单一信息标识，这类标识只提供产品的技术性能数据，如产品的年度能耗量、运行费用或其他重要特性等具体数值，而没有反映出该类型产品所具有的能效水平，没有可比较的基础，不便于消费者进行同类别产品的比较和选择，采用单一信息标识的国家为数极少。

建筑能效标识，是指将反映建筑物或建筑材料、部品等的能耗或用能效率的热工性能、能效等级指标及其他有关的信息以标识的形式进行公示。建筑能效标识解决了目前建筑节能领域存在的信息不对称的现象，使建筑节能的相关责任主体明确了各自的责任和义务，提高了责任主体的节能积极性，并改变了现有的以行政监管为主的政府节能管理方式，是建筑节能领域中一种创新性的管理机制。

（二）建筑能效测评的技术特点

建筑能效测评和标识指标是进行建筑能效标识的前提和依据。建筑能效测评得到的结果是建筑能效标识所要公示的建筑能效信息的来源和依据，这是有效实行建筑能效标识管理政策、提高建筑物用能效率的前提和基础。

1. 建筑能效的技术特点

建筑节能是一项复杂的系统工程，涉及建筑的规划、设计、施工、调试、运行、维修等诸多环节，并在实施的各个环节中涉及诸多建筑材料、部品、产品和设备。提高建筑能效，应加强建筑的规划、设计、施工、竣工及使用等环节的全过程节能监管，从而把一系列满足质量要求的节能材料、产品及设备进行最优化的集成、组合。综合前文所述的建筑的特殊性，可以得到建筑能效有以下几个方面的特点。

(1) 节能材料、产品及设备是提高建筑能效的物质基础

建筑节能是指在建筑物的规划、设计、新建（改建、扩建）、改造和使用过程中，执行建筑节能标准，提高保温隔热性能和采暖供热、空调制冷制热系统效率，加强建筑物用能系统的运行管理，利用可再生能源，在保证建筑物室内热环境质量的前提下，减少采暖供热、空调制冷制热、照明、热水供应的能耗。因此，建筑能效与节能材料、产品及设备的性能有很大的关系，节能材料、产品及设备是建筑节能最基本的构造元素，是提高建筑能效的物质基础。要达到以上建筑节能的目标、提高能源的利用效率，必须采用节能型材料、产品、设备以及相应的建筑施工技术、工艺，节能材料、产品设备的质量、性能决定着所建造的节能建筑的质量、性能，节能材料产品的价格在很大程度上影响着节能建筑的市场价格。并且只有在其节能性能和质量条件满足建筑节能技术标准要求的情况下，才能保证建筑节能的效果。

(2) 建筑能效是围护结构的节能和设备系统的节能综合作用的结果

围护结构的节能，是指对于建筑周边的自然环境，如日照、温度、风压、气候状况等条件进行充分分析的基础上，针对建筑本身的朝向、高度、室内功能等特点，通过采取有效的技术，选用符合节能标准的节能材料、部品等对室内环境进行调节的过程，这个过程需要对多种因素进行综合考虑，需要处理多种关系，诸如隔热和得热、采光和遮阳、通风和热交换的关系，处理好气密性、水密性和传热、隔声的关系等等，这个过程不是简单选择一些所谓节能材料、产品和设备进行累加就能够实现的。

采暖空调及照明等设备系统的节能，是指按照建筑节能的设计标准及相应的技术规范，根据建筑物的使用功能和类型，选用达到一定质量要求和能效比要求的设备和产品进行组合，组成建筑物的采暖空调系统和照明系统。在系统的运行过程中，应按照科学的节能运行管理方式对系统进行调试、维护、维修，从而提高整个建筑物的用能系统效率，避免无效的能耗损失。

为使整个建筑物达到一定的能效水平，应从墙体、门窗、屋面等围护结构和系统设备这两个方面进行考虑。如果只注重围护结构的节能而忽视了系统设备的节能，如北方地区没有进行供热系统的改造，就会造成房间内部的温度过热，房间中没有安设温度调节方面的装置，用户只能开窗散热，造成"节能建筑不节能"的现象。此外，如果只抓系统设备的运行效率而不注重围护结构的节能，由于门窗、墙体等围护结构的保温、隔热性能较差，即使系统设备的运行效率很高，且具有可调控的装置，也会因为围护结构的节能措施不够造成能源的大量浪费。

(3) 建筑能效水平与建筑工程项目建设的全过程有很大的关系

建筑节能的效果尽管与所选用的材料、产品、设备的性能有很大的关系，然而，节能材料、产品、设备的性能并不是决定建筑节能效果的唯一因素。建筑能效是建筑物的节能性能，属于建筑工程质量的一个方面，因此，从基本建设程序来看，建筑能效水平与工程建设各方主体在从工程建设的项目立项、规划设计、工程施工到建筑物日常运行的过程中执行建筑节能相关标准的情况有很大的关系。

2. 建筑能效测评的特点

建筑能效测评是指由从事建筑节能相关活动并具备相应测试条件的第三方技术机构，在依法取得政府主管部门授权后，按照一定的技术标准和程序对建筑物的用能效率进行测试、评估，最终得到反映建筑能源利用效率的热工性能指标以及其他技术指标的过程。建筑能效的特点决定了建筑能效测评与一般工业产品能效测评有较大的区别，主要体现在以下几个方面。

一是建筑能效测评相对复杂，需要依托各方面的知识。建筑节能是针对建筑本身的朝向、高度、室内功能等特点，从围护结构节能和系统设备节能两个方面进行考虑的，因此对建筑能效进行测评的过程需要对多种因素进行综合考虑，很难简单地根据建筑尺寸及窗墙形式与材料估算建筑物能耗及热工性能。此外，建筑能效的测评需要专门的测试设备、测试方法和专业的技术人员等技术条件，并需要综合利用规划学、建筑学、环境学、热力学、光学、材料学等各方面的知识。而普通工业产品的能效测评相对简单，所涉及的知识面相对较窄。

二是自然环境，如光线、温度、风压、气候状况等条件，对建筑能耗有显著的影响。即使是两个建筑物所用的材料和系统设备完全相同，如果其所在地区的气候条件，如温度、日照不同，则其能耗测试结果也会有很大的差别，因此建筑能效的测试结果受建筑物周围自然环境的影响较大。而一般工业产品的能耗与周围的自然环境的关系不大，主要受生产过程中产品工艺流程的影响。如果产品的组成材料、零件确定，则其能效一般也就确定。此外，建筑能效测评对周围环境的要求相对较高，如建筑围护结构的传热系数的现场测试需要一定的室内外温度差，而普通工业产品的能效测评一般在实验室就可进行。

三是建筑能效测评需要考虑建筑生产的全过程。普通耗能产品的能效测评只需对最终的产品进行测试，而不需要考虑产品的生产过程；而建筑能效的测评是从建筑的规划、设计阶段开始，一直到建筑的施工、竣工甚至建筑的运行等全过程，建筑能效的测评除了需要考虑施工图设计参数，还应进行必要的现场检测，并进行最终的评估。因此，建筑能效测评是现场测试与模拟计算相结合的结果，很难全部通过现场实测，测试周期较长，测量成本也很高。

二、建筑能效测评标识在建筑节能管理中的作用

建筑能效测评标识是市场经济环境下政府建筑节能管理的一种方式，它在完善政府建筑节能管理职能、规范建筑节能市场以及拉动节能建筑的市场需求等方面具有不可替代的作用。

1. 有助于完善政府建筑节能管理职能

建筑能效标识有助于完善政府节能管理职能，主要体现在以下几个方面：一是建筑能效标识使政府对工程建设中建筑节能质量的直接管理模式逐步转变为对建筑终端能效的间接管理，弱化了政府部门过多的行政干预；二是建筑能效标识是政府加强对新建建筑执行节能标准监管的关键环节，它使得新建建筑的节能管理从立项、设计、施工、竣工延伸到销售、使用阶段，过程管理更加完善，对于新建建筑严格执行节能标准具有非常重要的作用；三是建筑能效标识制度能够引导市场，起到鼓励先进、淘汰落后的作用，为政府有效规范建筑节能市场提供了依据，是政府发挥公共管理职能，规范建筑节能市场的有效手段，也为政府实施建筑节能的相关激励政策提供了依据；四是建筑能效标识明确了建设单位在新建建筑执行建筑节能标准中的责任，发挥了建设单位作为建筑节能第一市场责任主体的作用。

2. 对规范建筑节能市场的作用

建筑能效标识有利于建立公平的市场竞争机制。有效规范建筑节能市场，主要体现在：1. 建筑能效标识载明了建筑物及建材产品的节能信息，刺激开发商、生产商及时调整节能建筑及部品的开发、生产和推广销售计划，由此促进市场的良性竞争，建立公平的市场竞争机制，不断提高产品的技术含量，从而推动建筑节能领域的技术进步；2. 建筑能效测评标识制度的建立，还有利于企业产品结构的调整，不断提高企业的核心竞争力，带动与建筑节能相关行业的健康、有序发展，并为消费者提供了更多关于建筑物的能耗方面的信息，为消费者的购买决策提供了必要的信息，以引导和帮助消费者选择高能效的建筑及建材产品，倡导节能概念。

3. 对节能建筑"需求侧"的拉动作用

目前，我国建筑节能产业发展缓慢，其本质问题不是节能建筑或建筑节能相关材料、产品的供应不足，而是建筑节能的有效需求相对不足，供需之间的矛盾是造成建筑节能产业发展迟缓的根本原因。在建筑能效标识体系中，能效标识的作用在于刺激建筑节能产业的需求端——用户，改变用户的需求状态，使用户由无需求变为有需求，由潜在需求变为现实需求。通过所标识的建筑物的能耗信息使用户了解建筑物的能耗与自身能源费用的关系，培养用户主动节能的意识。传统建筑节能产业的供应链是一种以生产供应为核心的模式，与此相对应，建筑能效标识在整个建筑节能产业需求链中是一种拉动的作用。这两种模式的根本区别在于用户在产业链中所占的地位不同，在传统节能产业的供应链中，用户只是最终产品的被动接受者，而在需求链中正好相反，用户的需求处于核心的地位，节能建筑或产品、设备的生产都是以用户的需求为目的的，用户的需求将大大影响整个节能产业的发展方向。因此，建筑能效标识的作用在于培养用户合理的用能需求，指引用户的需求方向，并在需求端不断提高建筑物的用能效率。

三、建筑能效测评标识运作体系

目前，世界上应用较多的一种建筑能效标识方式是第三方测评标识，其主要特点是由政府授权的第三方测评机构对房地产商所开发的建筑物的能耗或能效进行测试、评估，然后根据测评结果出具建筑物能耗或能效水平的证明，并将此证明以标识的方式向公众明示。第三方测评标识方式是建筑能效标识主要的运作方式，因此，建筑能效标识政策涉及的相关主体主要有用户、建设单位（房地产开发商）、测评机构以及政府部门。

（一）用户

用户是节能建筑的最终消费者，也是节能建筑的最终受益者，然而，在目前的市场中，用户无法掌握自己所居住建筑或者所要购买的建筑的能效水平，也没有其他方面的信息了解有关建筑物能耗方面的信息，因此，对于用户来说，建立建筑能效标识体系是非常必要的。首先，用户可以依据建筑能效标识所提供的建筑物的能耗信息来估算出每年大概的能源费用，从而在购买新房时提供决策方面的依据；其次，用户可以根据标识信息比较市场上所销售的商品房的能效水平，并综合建筑其他方面的信息如房价、面积等决定购买满足自身节能需求的节能建筑；再者，用户可根据标识信息提供的节能措施或维护方法在日常生活中注重对建筑物的节能运行管理，从而不断地减少自身的建筑用能费用；另外，建筑能效标识是一种非常合理的节能宣传方式，它能够不断培养用户的建筑节能意识，提高用户购买节能建筑的积极性，从而带动节能建筑的市场需求。

（二）房地产开发商

房地产开发商是节能建筑的生产者和提供者，开发商缺乏主动开发节能建筑的积极性的主要原因有两个：一是开发节能建筑要增加投资，开发商出于成本和收益的权衡考虑，不愿意增加投资，这是非常容易理解的；第二个更重要的原因在于节能建筑市场的需求不足，开发商开发了节能建筑，但由于市场上用户对节能建筑认识不足，因此节能建筑很难销售出去。因此，从这个意义上来说，建立建筑能效标识体系后，社会上建筑节能的意识有了很大的提高，用户对节能建筑的需求增加，开发商也会积极开发节能建筑。而能效标识对开发商也有一个监督的作用，如果开发商所开发的建筑经过能效测评没有达到建筑节能标准或者在社会上的同类建筑中的能效水平处于中下等水平，开发商将会面临很大的竞争压力，他将会增加节能方面的投资，努力提高建筑物的节能水平。在能效标识的宣传作用下，房地产开发商也会主动地利用这些能效标识所提供的能效指标作为推销和竞争的手段，并树立自己企业的品牌形象和信誉，自主地促进各种建筑节能方面的新技术在建筑中的应用，从而极大地促进我国建筑节能事业的蓬勃发展。

（三）测评机构

建筑能效测评机构是指拥有一定的技术人员、先进的测试仪器和设备及相应测评技术方法的科研技术机构，它受政府部门的委托或授权，对市场上所出售的新建建筑或既有建筑进行能效测评，并依据测评结果提供的数据向申请测评的企业或个人提供建筑物的能效标识。由于能效测评机构是第三方的中介机构，它根据相关规定向申请测评的企业或个人收取一定的测评费用，以维持自身机构的生存、运营及发展。建筑能效测评机构所提供的能效标识信息是向社会公众公布的权威信息，因此，测评机构应具有独立、客观、公正的特点。它将从市场机制的运行模式出发，以提供能耗评估、标识和设计咨询服务的方式，对住宅建造各阶段的能耗与热性能进行评估、标识或现场监查，并颁发标识证书。

（四）政府

在社会主义市场经济体制下，政府机构应按照市场运作的规律，充分发挥宏观调控的作用，少一些行政干预、多一些政策引导。在政府诸多调控手段中，其中一个重要的手段就是借助中介机构的力量，促使其充分发挥沟通政府与企业、企业与公众、企业与市场的桥梁与纽带作用，以达到维护正常经济秩序的目的。在本文中，政府部门是建筑能效标识的发起者和监督者。作为发起者，政府负责策划整个能效标识体系的运作，包括制定测评程序、测评标准及相应的管理办法及纠纷处理办法，审查能效标识人员的资格，颁发能效标识机构的执照等。作为能效标识体系的监督者，为进一步保证能效标识行业的公正性，还可以建立相应的能效标识信息数据库系统，存储和管理评估结果，以适当方式向社会公布，并有选择地对已投入使用且被标识的建筑物进行现场测试，考核标识机构给出的标识结果的正确性。

建立这种市场运作机制的能效标识体系，政府部门，测评机构，开发商及购房者之间可以形成良好的制约机制，从而保证建筑能效测评工作可以科学、公正地进行，使得建筑节能工作由"政府推"向"市场拉"逐步转变。

四、我国建筑能效测评标识制度的实施思路

根据当前我国建筑节能的实际情况，我国目前建筑能效标识政策的实施主要有两方面的内容。

（一）强制性的能效测评

强制性建筑能效测评是加强新建建筑执行节能标准的关键环节。目前，我国城乡每年新增建筑面积约 18 亿～20 亿 m^2，其中城镇为 10 亿 m^2 左右。长期以来，许多建设单位在施工阶段随意取消或降低建筑节能技术措施的现象，致使大量按节能标准设计的新建建筑在建成后达不到节能标准要求。究其原因，主要是一些地方节能管理部门对新建建筑的立项、规划、设计、施工、监理、质量监督、竣工验收等环节在执行建筑节能标准方面把关不严，因此，加强对新建建筑节能的闭合式管理至关重要。而强制性建筑能效标识是在现有基本建设项目过程管理的基础上增加的一个环节，为新建建筑的市场准入提供了技术测评的依据，使得新建建筑的节能管理更加完善，对于新建建筑严格执行节能标准具有非常重要的意义。

目前，对于强制性能效测评实施的对象有两个：一是大型公共建筑和政府办公建筑的新建及改造；二是可再生能源应用的示范项目。

1. 大型公共建筑和政府办公建筑

随着我国经济的发展，国家机关办公建筑和大型公共建筑高耗能的问题日益突出。据统计，国家机关办公建筑和大型公共建筑年耗电量约占全国城镇总耗电量的 22%，每平方米年耗电量是普通居民住宅的 10～20 倍，是欧洲、日本等发达国家同类建筑的 1.5～2 倍，做好国家机关办公建筑和大型公共建筑的节能管理工作，对实现"十一五"建筑节能规划目标具有重要意义。而对于国家机关办公建筑和大型公共建筑的节能管理工作来说，其首要任务应该是在其建设的全过程中严格执行建筑节能标准，尤其是项目建成后，必须对建筑的能源利用效率进行专项测评和标识，并将测评结果予以公示，以接受社会监督。达不到节能强制性标准的，有关部门不得办理竣工验收备案手续。

2. 可再生能源应用的示范项目

为贯彻落实《中华人民共和国可再生能源法》，推进可再生能源在建筑领域的规模化应用，带动相关领域的技术进步和产业发展，建设部和财政部联合组织了可再生能源建筑应用的工程示范项目。组织实施可再生能源建筑应用示范有助于带动市场需求，促进完善集成技术体系和技术标准，从而有效地推动可再生能源在建筑中的规模化运用。

为进一步加强在建筑中应用可再生能源的监督管理工作，检验示范项目的示范效果和能效水平，可再生能源示范工程竣工后，在经地方程序审查后，建设部、财政部委托具备资质的检测机构对示范工程进行现场检测，检测机构负责对可再生能源建筑应用示范工程进行能效检测，出具检测报告，并对检测报告的真实性、准确性负责。地方建设、财政部门再根据检测报告，结合技术先进、适用可行、经济合理和示范推广等方面组织验收评估。

（二）自愿性的能效测评

对于量大面广的住宅建筑和一般公共建筑，可采取自愿性的能效测评。建设单位或房地产开发企业可根据实际情况，按照相应的管理规定，向政府授权的建筑能效测评机构申请建筑能效的测评。

《民用建筑节能条例》中规定：房地产开发企业在销售商品房时，应当向购买人明示所售商品房的耗能指标、采取的节能措施、保温工程质量、保修期等信息，并在商品房买卖合同、住宅质量保证书及住宅使用说明书等文件中予以明示。若开发商违反该规定，将依法承担减少价款、返修、退房、赔偿损失等民事责任，严重的会受到罚款、降低资质等级等处罚，直至吊销资质证书。这也使得房地产商自行进行能效测评标识或自愿向测评机构申请能效测评。

随着国务院《民用建筑节能条例》的颁布实施，建筑能效测评标识制度将得到全面实施。

第四章 大型公共建筑节能监督和管理

随着我国经济和社会的快速发展，大型公共建筑日益增多，这既促进了经济和社会的发展，又增强了为城市居民生产、生活提供服务的功能。但是，当前有些大型公共建筑片面追求外形，忽视使用功能及内在品质，忽视与自然环境的协调，尤其是高耗能问题日益突出，存在着很大的节能潜力。因此，大型公共建筑的节能管理对于我国建筑节能战略目标的实现具有十分重要的意义。

第一节 我国大型公共建筑能源管理现状

一、大型公共建筑发展现状

不同规模的公共建筑，其室内人员、灯光和办公设备的密度不同，用能特点和能源消耗量也不同。根据建筑的用能特点，将公共建筑划分为普通公共建筑和大型公共建筑。大型公共建筑一般是指单体建筑面积超过 2 万 m^2 且使用集中空调系统的办公建筑、商业建筑、旅游建筑、科教文卫建筑、通信建筑以及交通运输等公共建筑，其用能设备包括空调、照明、办公设备、电梯等多个系统。

随着我国城市建设的发展，大型公共建筑的增长速度非常快，占建筑总面积的比例也越来越大。仅以北京为例，预计到 2008 年，大型公共建筑的面积将达到 2004 年总量的两倍。我国 2005 年房屋建筑面积状况见表 4-1，既有城乡房屋建筑面积约 420 亿 m^2，其中城镇房屋建筑面积约 164.5 亿 m^2，农村房屋建筑面积约 255.5 亿 m^2，而城镇建筑中居住住宅约 107.7 亿 m^2，公共建筑约 45 亿 m^2。据专家估算，公共建筑中政府办公建筑与大型公共建筑约有 8 亿 m^2，约占城镇房屋建筑面积的 4%。

我国 2005 年房屋建筑面积状况（亿 m^2） 表 4-1

项 目	城乡房屋建筑面积				合 计
	城 镇			农 村	
	住宅	公共建筑	其他建筑		
建筑面积	◆107.7	*45	11.8	255.5	△420
合计		164.5		255.5	420
比例（%）		39		61	100

注：△建设部门统计推算数据；◆中国统计年鉴 2006 数据；*专家估算数据。

二、大型公共建筑能耗现状

随着我国经济和社会的快速发展，人们对建筑物室内环境舒适性的要求越来越高，相应的建筑能耗也越来越高。而大型公共建筑的日益增多，以及建设中不顾当地经济发展水平和实际需要，追求豪华、气派、盲目攀比现象的日益严重等原因，导致公共建筑，尤其是大型公共建筑能耗高的问题日益突出。

2005 年我国房屋建筑能耗状况见表 4-2。建筑总能耗 6.13 亿吨，其中城镇建筑能耗

3.85亿吨，农村建筑耗能约2.28亿吨，城镇建筑中居住住宅能耗2.65亿吨，公共建筑约1.20亿吨，约占建筑总能耗的20%。公共建筑能耗与住宅相比总量低，但单位能耗大，仅次于北方采暖地区。

2005年我国房屋建筑能耗构成 表4-2

项目	建筑总能耗占全社会终端能耗的27.5%，约6.13亿tce			
	城镇住宅			公共建筑	农村及其他
	北方采暖地区	夏热冬冷地区	夏热冬暖及温和地区		
能耗（亿tce）	2.07	0.36	0.22	1.20	2.28
单位建筑面积能耗（$kgce/m^2$）	38.4	11.1	10.2	26.7	8.5
能耗合计（亿tce）	2.65			1.20	2.28
比例（%）	43			20	37

注：能耗测算说明：

　　北方采暖地区：据测算北方采暖能耗平均约$25kgce/m^2$，按53.85亿m^2计算，北方采暖能耗为1.35亿tce，一般北方采暖能耗约占建筑总能耗的65%，则北方建筑能耗为2.07亿tce。

　　夏热冬冷地区：以上海地区为例，根据中国电力企业联合会统计资料，2005年居民每户平均用电量为1573kWh，按每户住宅面积$85m^2$计算，建筑耗电量指标为$18.5kWh/m^2$，折合$7.6kgce/m^2$；估算炊事、热水用能折标煤$3.4kgce/m^2$，则计算单位建筑能耗为$11.0kgce/m^2$；按32.31亿m^2计算，计算建筑能耗为0.36亿tce。

　　夏热冬暖及温和地区：以广东地区为例，根据中国电力企业联合会统计资料，2005年居民每户平均用电量为1400kWh，按每户住宅面积$85m^2$计算，建筑耗电量指标为$16.5kWh/m^2$，折合$6.8kgce/m^2$，估算炊事、热水用能折标煤$3.4kgce/m^2$，则计算单位建筑能耗为$10.2kgce/m^2$，按21.54亿m^2计算，计算建筑能耗为0.22亿tce。

　　公共建筑：根据2003年北京市公共建筑面积中统计数据，大型公建比例约占15%，以此为依据，45亿m^2公建中，大型公建为6.75亿m^2，38.25亿m^2为普通公建。普通公建年用电能耗约$50kWh/m^2$，折标煤$20.5kgce/m^2$，大型公建年平均用电能耗约$150kWh/m^2$，折标煤61.5kg标煤$/m^2$，分别乘以相应面积后，计算公建能耗为1.20亿tce。

公共建筑能耗中，大型公建约占35%，虽然总量不大，但单位能耗很高。我国大型公共建筑单位建筑面积的耗电量达到每年$70\sim300kWh/m^2$，是住宅的5～15倍（不包括采暖），是建筑能耗的高密度领域。

由于多采用大玻璃幕墙，大型公建的遮阳隔热性能很差，加之建筑体量大，造成内部发热量大，空调期长，直接导致了大型公共建筑能耗高。一项实测调查显示，上海9幢大型商业楼的全年一次耗能量为$1.8GJ/m^2$，超过了日本相应商业建筑节能标准的近45%。表4-3是我国部分城市公共建筑耗能的实测数据。由表中数据可见，大型公共建筑能耗比普通公共建筑能耗高很多，而大型公共建筑能耗中又以空调系统消耗为主。图4-1是北京市三类建筑的耗电量比

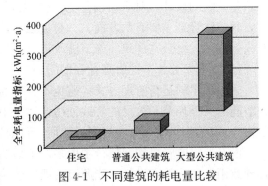

图4-1 不同建筑的耗电量比较

较，普通居民住宅的年用电能耗仅为 10～20kWh/m²，而大型公建年平均耗电量为 150kWh/m²，是普通居民住宅用电能耗的 7.5～15 倍。

公共建筑单位面积用电能耗及比例　　　　表 4-3

地区	建筑类型	年耗电量 (kWh/m²)	各系统耗能所占比例（%）			
			采暖	空调	照明	其他
北京	普通公共建筑	40～60	30～40		60～70	
	大型商场	210～370	—	—	—	—
	大型写字楼 星级酒店	100～200				
	大型公建平均	150		30～60	20～40	10～30
深圳	15 家高层办公楼	45～150	—	40	30	30

从以上分析中可见，大型公共建筑的能耗惊人，其建筑面积不足城镇建筑总面积的 4%，但总耗电量却占全国城镇总耗电量的 20% 以上，高能耗、低能效的问题十分突出。

三、大型公共建筑节能管理存在的问题

（一）大型公建节能管理的主要内容

大型公共建筑高耗能问题突出，节能潜力大，做好大型公建的节能管理工作是实现建筑节能目标的重要环节，对于我国建筑节能战略目标的实现具有十分重要的意义。为此，2007 年建设部会同国家发展和改革委员会、财政部、监察部、审计署签发了《关于加强大型公共建筑工程建设管理的若干意见》（建质［2007］1 号），明确要求强化大型公共建筑节能管理，促进建筑节能工作的全面展开。

大型公共建筑的节能管理主要包括两个方面的内容：一是严格把握新建项目的节能设计与审查，实行节能的全过程管理，避免新建项目中再出现导致高耗能的建筑与系统。同时，建立节能的运行管理制度，避免由于运行不当造成能源浪费；二是对既有的大型公共建筑建立相应的制度推动其节能运行管理与节能改造。

我国《公共建筑节能设计标准》（GB 50189—2005）于 2005 年 7 月实施；《建筑节能工程施工质量验收规范》（GB 50411—2007）于 2007 年 10 月起实施，这两个主要的行业标准、规范的落实和有效实施对我国新建大型公共建筑的节能管理起到了至关重要的作用。对新建项目设计、施工等环节实行严格的全过程管理，能避免新建项目出现高耗能的建筑与系统的设计。对于目前绝大多数没有按节能设计标准建造的既有大型公共建筑而言，其节能管理主要有两方面：一是加强建筑运行阶段的节能管理，实现节能运行；二是对高耗能的大型公共建筑实施节能改造，达到节能设计标准的要求。

（二）大型公建节能管理存在的问题

采用科学的运行管理方式，避免不合理的运行调节造成能源浪费，是最终实现大型公建节能的关键环节。大量的实践证明，对于中央空调系统，其运行节能管理的节能率通常要占 50% 节能中的 10%～15%，然而，目前运行管理是我国建筑节能工作中最薄弱的环节。没有专门监管机构，执行主体多，不易执行。大型公建由于缺乏科学的运行方式与管理导致用能系统效率过低，能源浪费现象较为严重。例如，系统常在无人时仍继续运行，

或部分设备持续运行，造成巨大的浪费。曾发现某办公楼仅开水器耗电即达 110kWh/（人·年）。通过加强管理，下班关机，同时更换为高效节能设备，此项用电可降低 10%～20%。由此可见，通过科学化管理，有可能使大型公共建筑耗电大幅度下降。

我国大型公共建筑能耗平均水平略低于发达国家同类建筑，但节能管理水平低下造成的浪费尤其严重，特别是政府办公建筑、学校、宾馆饭店。根据近年来对大型公共建筑的调查和现场测试表明，同类型的建筑由于前期设计和后期运行管理的差别造成的能耗水平相差较大。对北京 10 家大型百货商场及 16 家星级旅馆进行的一项能耗实测调查显示，每平方米年均耗电量最高的商场比耗电量最低的商场能耗高出将近 50%；能耗最高的旅馆比能耗最低的旅馆能耗高出将近 2 倍，见图 4-2、图 4-3 所示。公共建筑之间能耗的差异表明，这类建筑的节能潜力在 30% 以上。许多研究表明，如果加强建筑用能系统的运行调节及管理，改进系统，可实现节能 5%～20%，节能潜力很大。

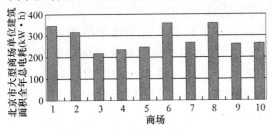

图 4-2　北京 10 家商场能耗　　　　图 4-3　北京 16 家酒店能耗

以上分析可见，加强运行阶段的节能管理是实现大型公共建筑节能管理的有效手段和措施。尽管我国大型公共建筑目前的用电水平与欧美发达国家相当，但由于运行中缺乏科学管理，运行阶段中节能管理的地位和作用不明确，尚未建立建筑节能运行的管理标准和管理制度，导致建筑能源浪费现象较为严重。

第二节　国外公共建筑节能管理

一、国外公共建筑节能管理介绍

以美国、欧盟为例，介绍国外公共建筑的节能管理。

（一）美国的节能管理

1. 联邦政府机构的节能管理

政府部门是美国国内最大的能源消费者。联邦政府每年花费在能源相关产品和服务上的金额超过 2000 亿美元，能源费用大约在 80 亿美元左右，电力的消费量占全国总消费量的 2%。这些消费主要用在联邦政府所属的 50 万栋建筑物（2.787 亿 m²）、公务车辆的使用和公务管理上。1999 年联邦政府建筑设施能源开支 34 亿美元，成为美国最大的耗能户。因此，美国公共建筑节能工作是从政府机构节能开始的。

1973 年，美国政府开始实行联邦政府能源管理计划（FEMP）。该计划旨在帮助联邦机构节约能源和节省用水、管理公用设施费用及推动使用再生能源来减少政府部门的能源使用及能源支出费用。FEMP 也成为美国政府能源政策的一部分，并用立法和政府命令的形式固定下来。

美国分别在《资源节约与恢复法》(1976)、《国家节能法案》(1978)、《公共汽车预算协调法》(1985)、《联邦能源管理改进法》(1988)等一系列法律中对政府机构节能及节能目标等相关问题做出了规定。1978年出台的美国国家节能法案（NECPA）要求联邦政府在1995年必须实现节能10％，2000年实现节能20％。1994年克林顿政府发布了第12902号行政命令，规定联邦机构的办公场所在2005年前实现节能30％（均以1985年能耗为基础）。第13221号总统令要求所有联邦机构必须采购有"能源之星"标识的产品。到2000年，该计划的阶段性目标已经实现。2005年8月8日，美国总统布什签署了《美国2005能源政策法案》（Energy Policy Act of 2005，以下简称《法案》），这是美国自1992年《能源政策法案》后颁布的最为重要的一部能源政策法律，将节能标准进一步提高，并对节能制定了包括减税在内的多项经济激励政策。

《法案》明确规定政府机构及公共建筑的节能目标，要求在2006～2015年（以2003财政年度为基准）内平均每平方英尺的耗能量减少20％，平均每年应达到2％。为实现政府机构节能20％的目标，《法案》制定了一系列的规定与激励措施，如：1）要求至2012年10月1日，计量所有的联邦建筑用能，各机构应当最大可能地使用先进的仪表或者设备，向联邦设施管理者提供每天的用能数据、每小时的电力消耗量和既有联邦能源跟踪系统的数据；2）联邦能源管理部负责提交国会大厦能源节约和管理计划，制定国会大厦的节能和节水措施；3）联邦政府应当采购高能效的"能源之星"或者"联邦政府能源管理计划（FEMP）"指定的产品；4）对进行低能耗联邦建筑示范的，给予一定的激励。

联邦政府实施节能管理的资金主要来源于政府直接拨款、节能效益保证合同（ESPC）、公用事业节能服务合同。1985～2003年间，联邦政府直接拨款的份额从54％下降至23％，而ESPC的份额则从30％上升至60％。《法案》中规定将ESPC予以继续执行。

2. 公共建筑的节能管理

对联邦政府建筑以外的公共建筑，节能管理主要包括两个方面：一是新建建筑的节能管理；二是既有建筑的节能改造。《法案》明确规定新的低能耗公共建筑的建设，与符合国际能源保护法案的近几年的参考建筑相比，至少应降低30％的能源消耗；既有公共建筑的改造，应达到与改造前的基准相比减少用能量30％的标准。

为实现节能30％的目标，《法案》也制定了一系列的规定，如：1）能源部可以授权州机构负责发展该州的公共建筑节能管理，通过新建低能耗公共建筑或者对既有公共建筑改造实现节能管理；2）接受授权的州能源办公室主要起信息引导作用，开发并传播信息和材料，实施技术服务与援助计划，以鼓励地方政府公用事业的计划编制、资金筹措和节能公共建筑设计；3）继续实施节能效益保证合同（ESPC）；4）节能性能由经过能源部认可的软件来测定。

制定公共建筑节能经济激励政策是推动节能工作的重要途径。《法案》中也使用以税收优惠为主的鼓励性政策激励公共建筑的新建、既有公共建筑节能改造及主要能源系统的节能改造、高效节能的节能产品及设备在公共建筑中的使用等。如以ASHRAE 90.1—2001为基准，如果实现50％的节能目标，可以享受税收减免，减免额度为节能增量成本，最大减免额度是建筑每平方英尺享受1.80美元的优惠。如果建筑整体未达到50％的节能标准,而照明系统、空调系统、建筑围护结构等子系统达到了规定的节能标准,则可享受0.60美元每平方英尺每子系统的税收减免。优惠的对象是业主、进行主要能源系统改造的租户。安装符合要求的燃料电池、固定式小型风力涡轮发电设备、太阳能设备,或者购买混合燃料机动车辆的公共建筑业主可以享受税收抵扣的优惠。

(二)欧盟的节能管理

欧盟是仅次于美国的能耗大户,公共建筑能耗占总建筑能耗的1/3,其中,采暖空调能耗占公共建筑能耗的50%。欧盟能源政策的工具主要有两个:一是指示,一般在公布20天后,在所有成员国自动生效;二是指令,指令有一个适应期,成员国有权根据自己的国情选择实现指令目标的方式和手段。1993年,制定欧盟《可持续发展规划》,1995年1月发表《能源政策绿皮书》,在此基础上,于1995年底正式以《COM(95)682号文件》公布《能源政策白皮书》。2000年欧盟发表了《能源政策绿皮书》,2002年在布鲁塞尔通过的《欧盟建筑能源性能指令》(2002/91/EC)(以下简称《指令》)明确提出以提高能效、保护环境、改善生活质量和改进公共关系为目标的节能理念,其重点是提高能源利用效率以及促进可再生能源的利用。

《指令》中明确制定节能目标,要求在2020年前将能源效率提高20%,2008~2016年年均能源节约率1%;对可再生能源利用也有明确的比例要求,2010年可再生能源电力消费达到电力消费额的21%等。

为实现既定的节能目标,欧盟建立了包括建筑最低能耗标准制度、建筑能效标识制度、建筑物用能系统检查制度、建筑节能监管制度、建筑节能信息服务制度在内的一系列管理制度。要求:1)对公共建筑应用最低能耗标准,并采取间隔期少于五年的定期检查制度;2)对公共建筑采取建筑能效标识制度,要求面积大于1000m^2的由公共部门使用的建筑,或有较多人频繁出入的机构建筑,其能耗证书要摆放在公众能比较容易看到的位置,证书的有效期少于10年;3)锅炉、空调系统定期检查,主要检查设备匹配情况,并向用户提供检查结果及系统更新或改造的建议;4)用户的供热、空调以及生活热水的费用按照实际消耗量的比例进行结算。

二、国外节能管理的特点与分析

国外公共建筑节能管理尽管有各自不同的规定和措施,但总体而言其节能管理具有以下几个特点。

1. 政府机构率先节能

既有公共建筑的节能管理一般都是由政府率先推动,制定统一的政府节能目标,设立统一的政府节能监管机构,并提供融资和技术方面的支持。例如美国以联邦机构节能作为突破口,通过联邦政府率先示范,提高社会节能意识,从而推动全社会的节能意愿;同时,通过政府大量节能项目与产品的采购,引导和培育节能服务市场以及主能效设备产品的研发。

2. 明确的建筑能耗指标规定

国外发达国家一般都有明确的能源消耗指标规定,明确提出节能目标,其节能管理强调对建筑物实际节能量的管理。如美国要求联邦建筑平均每年节能2%,其他公共建筑的新建或节能改造应实现节能30%;欧盟则要求公共建筑的新建或节能改造达到最低能耗标准。

3. 重视建筑运行阶段的节能管理

建筑运行阶段的节能管理是落实建筑节能指标的最终阶段和保证措施，是最终实现节能效益的有效手段。国外都很重视建筑运行阶段的节能管理。例如美国要求计量联邦建筑用能，制定国会大厦的节能和节水措施。欧盟则制定建筑物用能系统（如锅炉、空调）定期检查制度，通过对用能系统的定期检查，向用户提供检查结果及系统更新或改造的建议。

4. 充分依靠市场机制

由于市场发育完善，国外多依靠经济杠杆推动建筑节能管理，建立了以税收优惠、利息优惠等为主的经济激励措施。例如美国在其《法案》中制定了一系列经济激励措施以鼓励低能耗公共建筑的新建与改造；而欧盟各国也根据自身特点制定相应的经济激励政策以鼓励提高能耗的利用效率。公共建筑或系统的节能改造也主要依靠市场机制实现。

5. 节能运行监管缺失

尽管国外很重视建筑运行阶段的节能管理，也有明确的运行管理规定，但并没有形成一套完整的运行监管制度。美国很重视联邦政府的运行管理，计量其用能并制定一系列管理措施，但并没有对联邦建筑用能进行监督，更没有建立相应的监管制度。国外的公共建筑节能管理主要通过对既有公共建筑改造，或者运行阶段的用能管理来实现。美国主要依靠市场对高耗能商业建筑进行节能改造；欧盟对公共建筑的运行制定了定期检查制度，对建筑节能建立了监管制度，但并没有对建筑的运行建立监管制度。

三、启示

由于国外建筑节能所处的发展阶段相对较高，建筑节能技术标准和相关支撑体系较为健全，节能性能、节能量的测定较为成熟。同时，由于其市场化程度较高，从而主要通过市场机制来调节建筑节能的发展。我国的节能工作起步晚，制度、标准等相对不健全，社会节能意识不够，运行管理水平低，节能服务市场尚未成熟。因此，国外的实践经验并不适合我国现阶段的现实，应当采取适合国情的节能管理方式，力求在建筑节能理论创新、制度创新等方面取得更大的进步，使我国的建筑节能工作实现跨越性发展。

我国大型公共建筑在运行过程中缺乏科学管理，能源浪费普遍较严重，必须加强运行环节的节能管理，将运行节能管理的地位和作用予以明确，才能摆脱以往粗放的管理运行模式。而大型公共建筑相对其他既有建筑而言，产权清晰，节能行为的参与方相对较少，节能的组织实施相对更简单。单独将大型公共建筑作为节能管理对象，建立针对性的管理制度，总结经验，有利于我国既有建筑节能的全面铺开。

因此，我国应以提高建筑节能运行管理水平为突破口，通过建立大型公共建筑的节能运行管理制度，推动政府办公建筑和大型公共建筑的节能改造。换言之，是以全面建立大型公共建筑节能运行监管体系为核心，辅之以市场化节能改造的管理模式。

第三节 节能运行监管体系

我国大型公共建筑节能管理采取以全面建立大型公共建筑节能监管体系为核心，辅之以市场化节能改造的模式。大型公共建筑建立节能监管制度体系是政府部门对大型公共建筑实行有效的节能监管，推动我国建筑节能工作全面展开的重要步骤。

一、节能运行监管体系概述

（一）节能运行监管体系的主要内容

大型公共建筑节能运行监管体系的核心内容是对政府办公建筑和大型公共建筑建立能耗统计、能源审计、能效公示、用能定额以及超定额加价制度，目标是以监管推动节能运行管理水平，实现建筑的节能运行，依靠政策导向和信息引导市场化节能改造，以监管促进节能市场化，逐步培育和完善节能市场。

具体来说，大型公共建筑节能运行监管体系是指采取分项计量的方式，度量建筑的各类能源消耗以及各个子系统的能耗情况。在此基础上，进行能源审计，评估建筑物能源利用效率等，并向社会予以公示。建立节能监管体系，既为下一步节能运行提供基础数据，也能够有效促使建筑业主关心能耗情况，激励业主自主节能。

（二）节能运行监管体系的特点

1. 充分发挥政府监管职能

建筑节能是社会公益性较强的领域，仅仅依靠市场机制是不能奏效的。然而，由于建筑节能管理目前还没有成为我国政府公共管理职能的一个组成部分，使得我国政府在建筑节能领域存在着行政管理职能缺失的现象。

因此，建立大型公共建筑节能运行监管体系是"政府建筑节能监管职能的变迁与再设计的过程"，就是要把建筑节能管理作为政府公共管理职能的一个组成部分，充分、有效地发挥政府在建筑节能管理中的作用或职责，建立适合我国国情的节能监管模式，推动我国节能运行监管体系的顺利实施，这也是政府履行其在资源节约和环境保护领域公共管理职能的具体体现。

2. 强调运行阶段的用能监管

国外建筑节能管理一般是对运行阶段进行用能管理，或者对节能情况进行监管。例如，对建筑应用最低能耗标准、进行能效标识，或者对用能系统进行定期检查。但节能效果并不是很理想，究其原因，很重要的一点是没有实施有效的运行监管。以政府办公建筑节能为例，管理因素大于技术因素，用能监管直接决定了节能成效。

我国大型公共建筑节能运行监管体系要求实施运行监管，强调对运行阶段的用能进行监管，是对节能管理产生的效果（即实现的节能量）和节能管理工作的双重管理。这也是与我国目前运行管理水平低、市场机制不完善的国情相适应的。

3. 监管与引导相结合

近年来国内一些建筑节能改造项目开始按照合同能源管理的模式执行，效果并不是很好，一个重要的因素就是合同双方对最终节能量的认可存在差异。因此，首先依靠政府进行节能运行监管，强制推动建筑能耗统计，明确统计报告责任等监管措施。通过监管起到政策导向和信息引导作用，逐步引入市场化节能改造，逐步建立和完善我国的节能服务市场。

二、节能运行监管体系的构成

节能运行监管体系是以能效公示制度为核心，以能耗统计为基础，以能源审计为技术支撑，以用能定额、超定额加价为杠杆，构成一个完备的建筑节能监管系统。

（一）能耗统计是监管体系的基础

建筑和建筑能源消耗的数据信息是政府制定建筑节能监管措施和经济激励政策的依据。然而，我国目前的建筑能耗统计作为能源统计中的一个消费环节，长期被分割混杂在能源消耗的各个领域，缺乏建筑终端能耗和建筑节能数据，这成为我国进一步开展建筑节能工作的障碍。

所谓大型公共建筑的能耗统计是指由政府领导、地方建设主管部门执行的对所有大型公共建筑信息和建筑能耗信息长期收集与存储的工作。建筑信息主要包括建筑面积、建筑类别、结构形式等。建筑能耗特指建筑的使用能耗，主要包括建筑供暖、空调、照明系统和主要用能设备能耗。通过能耗统计，可以掌握我国大型公共建筑能耗的变化趋势，尤其是供暖能耗和空调能耗的变化趋势；可以追踪重点用能建筑的节能运行水平情况；对于大型公共建筑业主而言，可以获得建筑能效水平的相关信息。

能耗统计为能源审计提供了最原始的数据，是公共建筑实行用能定额和能源审计的数据保证，为建筑用能系统运行管理提供了依据，是实施既有建筑节能改造的信息来源。同时，能耗统计也为国家制定相关政策提供了依据。能耗统计制度不仅是能源审计制度和整个大型公共建筑节能监管制度体系的基础，也是建筑节能标准制定和节能效果评价的基础。

（二）能源审计是监管体系的技术支撑

大型公共建筑能源审计是控制公共建筑高能耗的一个重要的环节，是在获得完整、准确的建筑基本信息和建筑能耗基本数据的基础上，由技术部门根据需要进一步收集建筑环境等数据。能源审计与建筑物的节能改造紧密结合，为建筑物节能改造提供建议。

建筑能源审计是一项有效的能源管理工具，是指由专职能源审计机构或具备资格的能源审计人员受政府主管部门或业主的授权，对建筑的部分或全部能耗活动进行检查、诊断、审核，对能源利用的合理性做出评价，并提出改进措施的建议，以增强政府对用能活动的监控能力和提高建筑能源利用效率。能源审计中的重要一环是审查能源费支出的账目，从能源费用的开支情况来检查能源使用是否合理，找出可以减少浪费的地方。如果审计结果显示建筑物的能源开支过高，或某种能源的费用反常，就需要进行研究，找出是设备系统存在隐患还是管理上存在漏洞。

通过能源审计过程中对设备系统和建筑物的诊断，可以使管理者对设施的现状有一个全面、清晰和量化的认识，找出设备系统和建筑物的问题所在，并做必要的改进和改造。具体来说，通过能源审计，可以判断能耗统计中发现的重点用能建筑的高能耗是否是由运行管理造成的，进而为能效公示和实现节能管理提供依据；通过能源审计结果，可以选择出典型的、有代表性的标杆建筑，进而为同类型建筑的合理用能水平提供依据；根据能源审计结果，可以确定公示方案，向社会公示能效信息，并接受社会监督。

（三）能效公示是监管体系的核心

能效公示是由政府定期在权威的媒体上将大型公共建筑的建筑能耗、建筑能效信息向社会公开发布。能效公示的内容包括建筑基本信息、总能耗、总水耗、单位能耗、单位水耗和能效水平等指标，条件成熟时还可以公示分项能耗指标、能效排名等。因此，能效公示必须以能耗统计和能源审计为基础。

当前我国建筑节能市场不成熟，信息缺失，市场启动乏力。政府通过能效公示、能效信息的公开，可促使业主之间自发进行建筑能耗比较，促使业主采取节能运行管理和节能改造手段降低建筑运营成本。对政府而言，信息的透明可以防止市场垄断和信息寻租的现象，减少建筑节能领域市场失灵和政府失灵的可能，达到减少政府行政成本和转变职能的目的。对节能市场而言，解决建筑节能市场的信息缺失和信息不对称，为市场提供潜在的节能需求信息，同时将政府推动建筑节能的信号发布于市场。对社会和公众而言，增强了大型公共建筑节能的社会影响力和社会关注度，引导公众用能消费观念的转变，传播建筑节能信息和技术手段，促使建筑节能成为一种全社会行为，同时也使大型公共建筑节能监管变成全社会共同监督。

能效公示制度将政府、公众、业主和市场能源服务公司四方直接联系在一起，并利用系统的调节、控制和管理的功能，使大型公共建筑节能监管长效化、有序化。

具体来说，能效公示的作用有三个：一是引入公众舆论压力，通过对能耗数据指标的公示，让公众了解同类型建筑之间的能耗差异，从而给高能耗业主一定的舆论压力，促使其提高建筑的运行水平或进行节能改造以降低能耗；二是引入业主间的能耗成本比较，通过对能耗数据指标的公示，让业主了解其所属建筑运行能耗成本与能效较高建筑运行能耗成本的差距，激发业主降低能耗成本的潜力；三是为市场提供节能改造信息，通过对能耗数据指标的公示，为能源服务公司提供改造信息，解决市场信息不对称的情况。

（四）用能定额、超定额加价是杠杆

所谓大型公建运行能耗的定额管理就是对大型公建的各类用能系统分别确定其用能定额，每年根据各用能系统对实际用能状况进行考核，超出时对超出部分加倍收费，反之给予适当奖励。通过这种定额管理和相应的奖惩制度，能够促进节能运行管理的实施。大型公共建筑的用能定额制度是对建筑节能标准的具体化，是对建筑节能活动的直接引导，也是政府推进大型公共建筑节能的技术政策工具。

超定额加价是对建筑节能运用市场规律，采用价格机制，通过对建筑能耗进行累进加价，提高能源使用的成本，以便促使高耗能建筑主动加强节能运行管理和节能改造。换言之，是在用能定额制度的基础上，根据建筑合理的用能水平，对建筑能耗超过合理用能水平的部分执行累进加价。超定额加价制度是价格政策工具，是对高耗能行为进行负的经济激励，通过累进加价价格形成机制，运用价格杠杆，罚劣奖优，激励大型公共建筑的节能运行管理和节能改造。

制定大型公共建筑的用能定额和超定额加价制度，才能客观、科学地对建筑各用能系统的用能状况和运行管理水平进行评价。通过这种定额管理和相应的奖惩制度，能够区分出节能建筑和非节能建筑，促进节能运行管理的实施和推广，从而推动节能工作的开展。

三、节能运行监管体系框架

以上分析可见，大型公共建筑节能运行监管体系所确立的五项制度是通过输入建筑和相应能耗的基本信息，经过数据的内部传递与处理，输出建筑的能耗、相对能效水平，公众、业主，形成一个监管系统。而公示制度则是将有关信息向社会大系统扩散，通过社会系统的信息反馈，起到信息放大的作用，对业主形成有力刺激，促使其加强节能运行管理或者实施节能改造。节能运行监管体系框架及公示制度的作用原理见图 4-4、图 4-5。

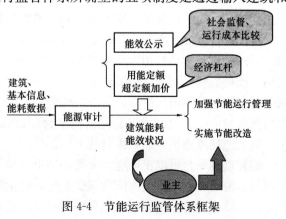

图 4-4 节能运行监管体系框架

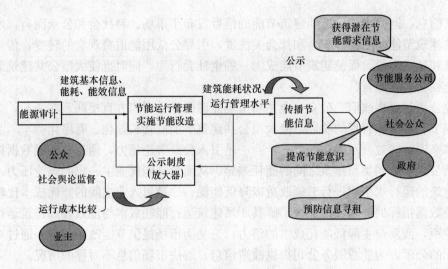

图 4-5 能效公示制度的核心作用

第四节 节能运行信息化监管

我国大型公共建筑节能管理的核心是全面建立大型公共建筑节能监管体系。将信息技术与节能监管体系相结合，采用"信息化"作为实施大型公共建筑节能监管的手段和催化剂，是我国建筑节能管理的又一次创新的探索。

一、节能运行监管信息化概述

所谓政府管理信息化是指运用信息与通信技术，打破行政机关的组织界限，改进政府组织，重组公共管理，实现政府协同办公、政府业务流程信息化，提供广泛、高效和个性化服务的一个过程。政府管理信息化作为互联网技术、计算机技术同政府职能结合的产物，可以推动行政流程的再造与创新，促使政府传统的部门组织结构朝着网络化的方向发展，打破了地域、层级的限制，促使政府组织和职能的优化与整合；可以提高政府的决策理性，使管理者方便地获得恰当的信息，并可以根据信息及时发现问题，提高决策水平；能够降低政府管理成本，提高政府监管的有效性。

我国采用能耗监测系统作为实现节能运行信息化监管的技术平台。能耗监测平台是一个具有层次性、动态性的系统，它以一定的建筑、能耗信息结构为基础，形成纵横交错的网状结构。纵向结构是指具有不同权利、地位、职能等级的上下级建设主管部门之间的信息结构，这是保证在政府内部形成自上而下、自下而上的建筑、能耗信息流动的基础结构；横向结构是指具有相同或相近权利、地位、职能等级的建设主管部门之间的横向信息结构。能耗监测系统的组织架构见图 4-6。全国国家机关办公建筑和大型公共建筑能耗监测平台设在建设部信息中心，负责各地能耗监测平台能耗数据信息的统一管理工作。各省市根据自身情况设置、建设能耗监测平台，原则上应充分发挥现有的建设信息机构的作用，负责能耗监测平台的具体管理工作。

能耗监测平台可以实现能源分类和用电分项能源的实时统计。搭建各市级大型公共建筑能耗监测平台，对重点用能建筑安装分项计量装置，通过远程传输等手段及时采集能耗数据，可以实现重点用能建筑能耗的实时动态监测；对能耗统计、能源审计等基本信息实

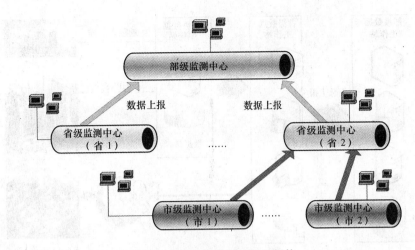

图 4-6 能耗监测系统组织架构

现全国联网，进行汇总分析。在监测平台的基础上加大能源审计和能效公示力度，得到各类型建筑的合理用能水平和重点用能建筑的定额。

因此，我国大型公共建筑节能监管体系是以全面建立能耗监测平台为手段，以能效公示制度为核心，能耗统计为基础，能源审计为技术支撑，用能定额与超定额加价为经济杠杆的综合性体系。

二、能耗监测系统

（一）系统的主要功能

能耗监测系统可以实现的主要功能包括：能耗数据采集，能耗数据上传、接收和存储，能耗数据处理分析与实时动态监测。

1. 能耗数据采集

采集内容包括建筑物的水、电、燃气、热等各种能耗指标，采集间隔可根据需要进行设置。

目前一座建筑只安装用于收费的一块或几块电表，难以分清各用电分系统的实际耗电量。同时，很多大楼内电表采用不严格定期的抄表方式，所得的用电量对用能分析、节能诊断和定额管理等工作的参考价值不高。为此，必须实现各个用能子系统的用电分项计量与采集。所谓用电分项计量就是对大型公建中的各路用电分别计量，把照明、办公设备、电梯、空调设备等用电系统分开。每座建筑划分出 20~40 个不同性质的用电回路，即可清楚地了解各个有电分系统的耗电状况。同时，通过专用设备实时采集各个电表的用能数据，并把这些数据逐时传输到用能管理中心（数据中心）。

用能分项计量可以把不同系统的能耗分开，从而明确各系统的实际耗能情况、节能潜力大小和对总节能量的贡献，使节能工作从目前粗放的定性管理模式变为科学的定量化管理模式。

2. 能耗数据上传、接收和存储

所谓能耗数据上传、接收和存储是指将各计量表输出的数据汇总、打包、压缩、加密后传输到数据中心，再对数据进行解压、解密和还原入库。数据远程传输组网方式主要有"无线"、"有线"、"无线＋有线"，见图 4-7。

3. 能耗数据处理分析

针对各种能耗指标，通过不同层面的处理分析，可以得到各种能耗指标和能耗变化的

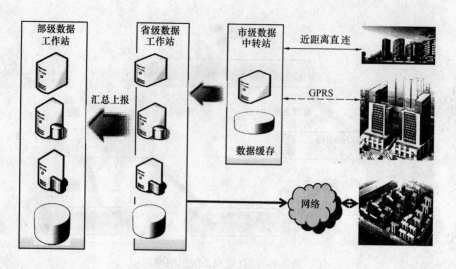

图 4-7 数据传输组网方式

图表和曲线。例如：单体建筑的总能耗和单位面积能耗指标，不同季节不同气候下建筑能耗和分项能耗构成的变化情况，同类地区各类建筑的能耗平均值以及能耗水平的综合分布情况，不同地区的能耗平均值以及能耗水平的综合分布情况。针对同一个建筑物，对改造前后的能耗数据进行对比分析，结合效益分析模型，给出改造的经济效益评价。

4. 实时动态监测

实时动态监测主要针对于各地区典型标杆性和高能耗建筑。对典型标杆建筑，进行实时动态监测，目的是总结其运行经验和节能措施，为逐步获得该类型建筑的参考合理用能水平奠定数据基础；对高能耗建筑，进行动态监测和能耗数据的统计分析，可以为其提供运行管理方面的建议。

（二）系统的组成

为实现能耗监测系统的既定功能，其系统组成主要包括分项计量装置、数据采集系统、数据远程传输系统、数据存储和分析系统。系统组成见图 4-8。

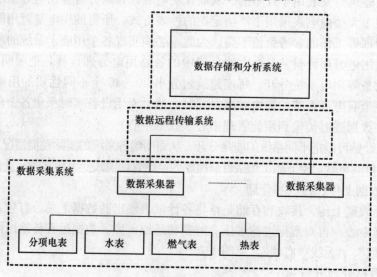

图 4-8 能耗监测系统组成

第五节 大型公共建筑节能监管保障体系

一、概述

目前我国建筑节能相关制度、技术标准和相关支撑体系等相对不健全，社会节能意识不强，经济市场化程度不高，因而主要采取建立节能运行监管体系为主的大型公共建筑节能管理模式。随着我国建筑节能的逐步发展与推进，以及相关配套措施的不断完善，市场化节能改造将不断发挥其作用。换言之，我国大型公共建筑节能管理是通过建立节能运行监管体系，对能耗进行统计、审计，并进行公示，产生节能需求，由此引入合同能源管理的模式，由能源服务公司提供专业化服务，最终实现市场化节能改造。

为推进我国大型公共建筑节能管理的持续、有序的发展，建立大型公共建筑节能的长效机制，需要一系列相关的配套措施来引导与保证。如完善经济激励政策，为大型公共建筑节能管理提供资金保障；健全组织领导体系，形成协调配合、运行顺畅的节能管理工作机制；建立大型公共建筑节能考核机制，强化考核评价管理；加强技术、设备产品保障，制定大型公共建筑节能新技术、新产品的开发与推广政策。下面介绍大型公共建筑节能管理的组织领导、经济激励与考核评价体系。

二、健全组织领导体系

建筑节能管理是政府公共管理职能的一个组成部分，政府的组织领导在大型公共建筑节能监管体系建设的进程中起着至关重要的作用。没有政府规制的节能监管体系，在市场经济的大环境中，根本是无法有效运行的。

建立健全组织领导体系中的一个重要的环节就是明确界定各级政府在建筑节能监管过程中的具体职责及角色定位。各级政府应从建立制度和标准、实施经济激励以及考核评价等方面推进大型公共建筑节能运行监管工作。包括：制订能效公示办法、能耗调查与能源审计管理办法；建立和完善节能运行管理制度及操作规程；研究能耗定额标准与用能系统运行标准，逐步建立超定额加价制度；研究探索市场化推进大型公共建筑节能的机制等。

建立、健全组织领导体系还应当采取切实可行的措施，形成协调配合、运行顺畅的工作机制，统一部署落实相关部门和单位的责任和分工。争取当地政府的支持，建立相应的协调机制，充分发挥现有建筑节能管理、工程质量监管等机构的作用，负责大型公共建筑节能监管体系建设和运行的具体管理工作。

三、节能经济激励机制

建筑节能是社会公益性较强的领域，仅依靠自发的市场机制难以奏效，必须采取一定的经济手段，建立一套激励机制来解决大型公共建筑节能中的诸多问题。

（一）经济激励的目标

大型公共建筑经济激励总体目标有两个：一是充分调动社会各方参与节能的积极性，把大型公共建筑潜在的节能需求转化成现实的节能量；二是大力培育节能服务市场，建立起大型公共建筑节能的长效机制。为此，经济激励措施也是分阶段逐步实施的，首先对大型公共建筑节能监管体系的建设进行激励，实现大型公共建筑节能运行；然后利用补贴、奖励、贴息等方式，激励大型公共建筑业主进行节能改造，同时在节能改造过程中，培育与完善节能服务市场，逐步建立起大型公共建筑节能的长效机制。

（二）经济激励对象

对不同的激励对象，激励方法是不同的。因此，要根据不同主体的经济行为特征，制定有区别的激励措施。

大型公共建筑节能市场对象大体上可以分为三类：业主，节能服务公司，中介机构（如金融机构、能效测评机构）。大型公共建筑节能激励机制应以需求端为导向，重点考虑对建筑业主的激励，辅之以对节能服务公司、中介机构的激励。

按照经营方式的不同，大型公共建筑可以细分为：政府办公建筑，教科文卫等部分财政支持的组织机构的建筑，以及商场、宾馆、写字楼等纯商业类建筑。由于建筑运营资金来源的渠道不同，此三类建筑业主对经济激励政策的反应有着相当大的差别。针对这三种不同的业主类型，制定相应的激励政策，充分发挥"利益驱动"效应，利用买方需求来刺激增加节能产品或服务的供给，启动建筑节能服务市场。

（三）经济激励措施

根据激励目标的两阶段规划，我国大型公共建筑节能经济激励措施也分节能监管、节能改造两个阶段进行。

1. 节能运行监管阶段的经济激励

此阶段的激励对象是地方政府，激励手段采取行政命令与经济激励相结合的方式，一方面国家通过行政命令，明确地方政府职责，强制性要求地方政府建立起大型公共建筑节能监管体系；另一方面对地方财政予以补助，激励地方政府建立更加完善的节能监管体系，弥补强制性手段的不足。

对地方政府的经济激励内容包括：能耗监测平台的建立，能耗统计、能源审计、能效公示等制度的建设与各项工作的开展。为鼓励地方更加积极有效的开展国家机关与大型公共建筑节能，采用基于成本与基于性能相结合的激励模式，根据节能工作量、节能工作进度、节能效果的不同，制定有差别的、分层次的补贴或奖励标准，以起到一个更好的引导作用。

2. 节能改造阶段的经济激励

这一阶段参与主体众多，包含了各种类型建筑业主、节能服务公司和中介机构，在此阶段，应针对不同的激励对象，设计不同的激励制度。

国家机关与政府办公建筑业主：由于国家机关与政府办公建筑运行费用全部由财政支付，其相应的节能管理投资应由财政负担，并通过行政命令，强制性要求对高能耗的建筑进行节能改造。

教科文卫等部分财政支持的组织机构的建筑业主：国家应对其节能改造投资给予部分财政补助，同时对于改造后节能效果较好的建筑业主给予事后奖励。

纯商业类建筑业主：由于纯商业类建筑节能改造，可以节省能源费用，降低运营成本，这本身就具备驱动效益。对于此类业主，可考虑采取税收优惠等手段进行激励，或者采取价格手段，通过市场机制放大驱动效应，通过阶梯电价、能耗定额与超定额加价等制度，激励商业建筑业主自觉节能。

节能服务公司：节能服务公司是节能服务市场的供给主体，现阶段我国建筑节能服务处于起步状态，节能服务公司力量相对薄弱。制约节能服务公司发展的重要障碍之一是融资困难，对于建筑节能服务企业而言，商业银行可以提供的信贷工具和产品很少，无法为节能服务企业提供应有的金融服务。主要通过贷款贴息的方式,帮助节能服务公司融资,培育市场主体的服务能力。今后还将不断完善政策法规,创新融资模式、拓宽融资渠道,促进建筑节能服务公司的发展,形成良性的建筑节能服务市场机制,使其成为驱动建筑节能向前发展的内在动力。

四、节能考核机制

(一)节能考核的目的

建立大型公共建筑节能目标考核机制,才能准确衡量与评价各地区大型公共建筑节能管理工作的进展情况和工作目标的完成情况。

通过建立考核评价体系,应起到以下几个方面的作用:一是对大型公共建筑节能管理工作进行监督;二是评价节能管理部门及其人员的工作和管理水平;三是促进大型公共建筑节能管理的各项工作协调有序的进行,提高管理的有效性;四是通过考核评价,发现各地节能管理工作之间的差距和优势,达到发挥优势、克服劣势、挖掘潜力、促进大型公共建筑节能管理工作逐步完善的效果。

(二)节能考核模式

由于我国大型公共建筑节能管理采取的是以建立节能监管体系为核心,强调运行阶段用能监管的模式,是对节能工作和节能效果的双重管理。相应的,对大型公共建筑节能管理的考核评价,也是一种"过程+结果"的评价,即考核的着眼点不仅落在节能管理产生的静态的实际节能效果上,还应动态地追踪管理模式运行的过程。

(三)考核评价体系内容

大型公共建筑节能考核评价体系包括实施主体、考核对象、考核专家组、考核指标、考核方式等一系列的过程。

1. 考核主体

大型公共建筑节能的考核主体是国家建设、财政主管部门或者省级建设、财政主管部门,实施主体委托国家大型公共建筑节能管理项目办公室或各地方的工作领导小组,通过大型公共建筑节能运行管理专家组对考核对象进行考核。实施主体负责制定考核的指标体系、方式、程序及相应的规则,及时对考核的结果进行审查、汇总,并将结果纳入每年建筑节能检查的考评结果。

2. 考核对象

考核对象是各级地方政府有关部门以及大型公共建筑的业主或产权所有人。对于各级地方政府有关部门,国家建设行政主管部门将根据审定的各省市工作方案,按照相应的考核评价办法,对各地方在大型公共建筑节能管理工作过程中工作量完成的进度和节能量目标完成的情况进行考核;各地方人民政府将国家机关办公建筑和大型公共建筑节能量的目标及任务落实到对各级管理机构及人员工作绩效考核中去,并纳入本地GDP降耗考核目标体系;此外,各地方人民政府也将对本地区大型公共建筑的业主进行考核。

3. 考核专家组

选择政府办公建筑及大型公共建筑运行管理、建筑节能、政策、经济、财务、项目管理等方面的专家组成专家库,从专家库中抽取专家组成专家评审组,每个专家评审组一般不少于7人。评审组应包含建筑设备、工程经济、政策研究等方面的专家,并指定一名专家组组长。评审专家应具有对工作负责的态度和良好的职业道德,坚持原则,独立、客观、公正地对示范城市进行评审。评审专家应具有高级专业技术职务。评审专家在评审工作中应遵守相应的职责和纪律。

4. 考核指标

考核指标是大型公共建筑节能考核体系的核心内容。应根据不同的考核对象，设定不同的考核指标，如对于地方政府部门的考核，应侧重过程管理及控制、最终节能量指标以及所产生的示范效果的考核，而对于大型公共建筑业主的考核，则应注重节能运行管理制度的建设以及节能量指标的考核。

5. 考核程序

大型公共建筑节能考核体系，首先应确定考核对象，并组建考核专家组，建立相应的考核指标体系；然后，采取专家评价和行政管理评价考核相结合、定期考核与抽查考核相结合的方式进行考核；最后，由实施主体对考核结果进行审查、汇总，并作为本地区GDP降耗考核以及建筑节能大检查的重要依据。

随着我国经济和社会的快速发展，大型公共建筑日益增多，高能耗、低能效的问题十分突出，节能潜力很大。加强运行阶段的节能管理是实现大型公共建筑节能管理的有效手段和措施，然而，我国由于运行中缺乏科学管理，运行阶段的节能管理地位和作用不明确，导致建筑能源浪费的现象较为严重。在分析国外公共建筑节能管理经验的基础上，我国探索了具有中国特色、符合中国现实国情的大型公共建筑节能管理模式——以全面建立大型公共建筑节能监管体系为核心，逐步实施市场化节能改造，采用信息化的节能监管手段——建立能耗监测平台，是我国建筑节能管理的又一次创新式的探索。节能监管体系的配套保障措施也是必要的，以期建立大型公共建筑节能的长效机制。

参 考 文 献

[1] 中华人民共和国国家统计局. 中国统计年鉴2004[M]. 北京：中国统计出版社，2004.
[2] 中华人民共和国国家统计局. 中国统计年鉴2006[M]. 北京：中国统计出版社，2006.
[3] 建设部. 2005年城镇房屋概况统计公报.
[4] 公共建筑节能设计标准宣贯辅导教材[M]. 北京：中国建筑工业出版社，2005.
[5] 薛志峰. 大型公共建筑节能的实现途径研究与实践[D]. 清华大学博士学位论文.
[6] 清华大学建筑节能研究中心. 中国建筑节能年度发展研究报告2007[M]. 北京：中国建筑工业出版社，2007.
[7] http：//www.istis.sh.cn/zt/list/pub/jnhb/5.htm.

第五章 北方地区既有居住建筑节能改造

第一节 我国北方地区既有居住建筑节能改造概述

一、北方地区既有居住建筑能耗现状

我国处于北半球的中低纬度，地域辽阔，从北向南跨越严寒、寒冷、夏热冬冷、温和及夏热冬暖等多个气候带，地区气候条件差异导致居住建筑能源消耗情况及存在的问题都不尽相同。比如：夏季大部分地区室外平均温度超过26℃，需要空调，而冬季室内外温差就会变化很大；夏热冬暖地区有5~10℃的温差，冬季不需要采暖，严寒地区则高达50℃的温差，全年5~6个月采暖。综合比较我国南、北方建筑的能耗，发现如果去掉采暖能耗，从北方到南方同类型建筑的用电水平并无大的差异。因此，如果在统计我国建筑能耗时把北方采暖能耗单独统计，其他类型的建筑用能就没有明显的地域特点了，因此可以全国统一分析，这也是本书单独提及北方地区节能改造的主要原因之一。

其次，从北方地区建筑总能耗来看，我国目前城乡既有建筑总面积约420亿m²左右，除农村外，我国仅城镇既有居住建筑就占了25%以上，而其中北方地区既有居住建筑面积约为65亿m²，占15%以上。此外，据相关数据显示，北方地区70%以上均为高能耗建筑，如此庞大的比重，北方地区既有居住建筑耗能已经成为我国经济发展的软肋。

由《1996—2006年中国统计年鉴》统计计算得到我国不同地区城镇居住建筑能耗所占比例（图5-1），仅北方地区建筑能耗就占到了78%以上，如此巨大的比例，使得北方地区既有居住建筑节能改造进程日益加快。

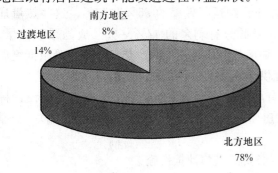

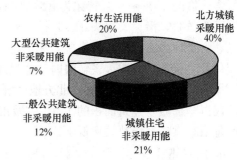

图5-1 不同地区城镇居住建筑能耗所占比例　　图5-2 各类建筑能耗所占比例

根据《1996—2006年中国统计年鉴》的统计数据计算结果可知，2004年仅北方城镇采暖能耗就占到全国城镇总建筑能耗的40%，为建筑能源消耗的最大组成部分（见图5-2）。由此可见，北方地区采暖能耗已成为一个刚性的耗能问题，应在总建筑能耗乃至全社会能耗中引起足够的重视。

与世界上同纬度的许多发达国家相比，我国北方地区冬天气候更冷，夏天气候湿热。在这种气候环境下，我国房屋的保温隔热性能却比发达国家差得多。相关数据表明，我国北方地区冬季采暖平均能耗为每平方米14~25kgce，是发达国家建筑能耗的1.5~3倍。同时，随着冬季采暖地区的迅速南扩，采暖能耗在整个建筑使用寿命中的运行能耗将越来越大。

随着建筑节能步伐的加快，既有建筑的节能改造显得越来越重要。1986年，国家提出了执行第一步建筑节能30%的标准要求，2000年，提出了第二步节能50%的标准要求。如今，国内少数省区已开始执行第三步节能65%的标准工作。对既有建筑的节能改造，作为节能标准的一个组成部分，目前在全国范围内已经全面展开，而把北方地区作为全国改造的重点更是战略所趋。

二、北方地区城镇采暖存在的主要问题

1. 围护结构的保温隔热和门窗气密性普遍较差

建筑物围护结构的保温隔热和门窗的气密性是影响建筑能耗的主要内在因素，围护结构传热的热损失约占建筑全部热损失的70%~80%；门窗缝隙空气渗透的热损失约占20%~30%。我国北方早期居住的建筑，外围护结构大都以实心黏土砖和单层玻璃窗为主，总体保温隔热性较差。20世纪70年代开始推广使用黏土多孔砖后，墙体热工性能有所改善。然而，随着混凝土小砌块应用和钢筋混凝土剪力墙结构的兴起，又使得建筑外墙的外保温隔热水平显著下降。与西方发达国家相比，我国北方居住建筑外墙和窗户的传热系数为同纬度发达国家的3~4倍。以我国现有最多的多层住宅为例，外墙的单位面积能耗为同纬度发达国家的4~5倍，屋顶是2.5~5.5倍，外窗是1.5~2.2倍，门窗空气渗透率是3~6倍。由此可见，围护结构的保温隔热和门窗气密性普遍较差是目前北方地区既有居住建筑能耗高的主要原因之一。

2. 采暖供热系统热效率低下

采暖供热系统是由热源、热网和热用户组成的系统。占我国65%~70%采暖面积的集中供热热源为燃煤锅炉或燃煤热电联产，在运行过程中，我国目前的锅炉一般只能将燃料所含热量的55%~70%转化为有效热能，即锅炉运行效率的55%~70%，这些热量通过管网输送时，沿途又损失了10%~15%。至此只有剩余的47%~63%成为采暖热量。并且，由于缺少有效的调控措施，无论是锅炉房热源还是热电联产热源，都很难根据气温的变化及时调节，造成天气转暖时整体过度供热、房间过热，相当多的热量被浪费。

据统计，截至2006年底，北方地区既有居住建筑面积中能达到采暖建筑节能设计标准的仅占全部城乡建筑面积的1%，占城市房屋建筑面积的2.3%，其中最重要的一个原因就是采暖供热系统热效率低下。

3. 室内热舒适度较差，热费较高，缺少必要的供热计量设施

北方采暖地区既有居住建筑除了冬季采暖普遍能耗较高外，还存在着室内热舒适度较差、居民热费支出相对较高等问题，比如冬季绝大多数时间的室内温度低于室内热舒适度的最低温度标准。并且这些建筑由于年久失修，室内的光、声和空气质量也较差，居民在这种环境中的生活质量很差；同时从日常消耗费用上看，居民一般热费支出在1000元/户左右，最高达1000元/月也较为平常，这一费用里除燃料成本费外，还包括了损耗、人员费用、日常维护费等。

以寒冷地区城市北京为例，不妨估算一下一名职工要花费多少钱才能买到"热"。分两种方法估算：按目前平均供热价格计算。据测算，目前北京市居民采暖费平均价格为每

季度 23.22 元/m²，按人均住房面积 50m² 计，每年采暖费为 1161 元。北京 2004 年度人均工资为 2362 元/月，则每月的热费支出占月收入的比例为 1161/4/2362＝12.29％。按当前四种居民供热的最高价估算。以每季度 30 元/m²/计算，年采暖费为 1500 元，采暖期每月支出 375 元，则每月的热费占月收入比例为 15.88％。

显然，热费较职工消费其他水、电、气等基本生活必需品所支付的费用要高得多，且占职工工资收入比例也较高。

此外，集中供暖不易控制也是一个重要的问题。因为众住户需求不一，导致"众口难调"，例如午间阳光很好，是供还是停，众人需求不一，很难协调。希望停供的人认为"我不想用，所以不应付费"，希望供暖的人却认为"我要供，但只应分摊我自己使用产生的费用"。而实际过程中，一个系统不能因部分人的意愿或停或供，但目前供热体制改革整体推进速度较慢，供热计量收费改革所需的计量、调控等硬件措施改造和法律制度及配套保障措施仍然滞后。

鉴于此，抓住当前时机对北方地区既有居住建筑进行节能改造是至关重要的，也对全面推动我国既有建筑的节能改造，实现节能减排具有重大的战略意义。

三、北方地区城镇采暖节能改造的主要任务

北方地区既有建筑的节能改造工作包括供热体制改革、相关法律法规和激励政策的建立与完善及节能改造具体技术方案的实施等。节能改造具体技术方案包括围护结构保温隔热性能改造、供热热计量改造、热力和热网系统改造、改善末端调节、暖通设备节能改造、照明节能改造、太阳能利用等，此外，还有对一些"电老虎"等旧电器进行改造等等。在这里，结合北方地区的气候特点，重点对供热体制改革以及外围护结构保温隔热性能改造、供热热计量改造与热源、热网改造等几个方面简要阐述。

（一）加快供热体制改革

我国的供热体制依然延续着计划经济时期形成的"职工用热、单位付费"、"按面积计算热费"的福利供热制度。随着我国社会主义市场经济体制的逐步确立和节能建筑的增多，这种体制暴露出大量的问题，集中反应就是热费收缴困难，节能建筑不节能、不节钱，百姓没有节能动力。尤其是目前所采用的按采暖面积收费方式，造成了建筑物的保温优劣、采暖系统的调节好坏、末端使用者是否开窗换气等都与采暖费无关等现实情况。究其根本原因是，这种供热体制没有跟上我国生产力发展的要求，阻碍了我国节能建筑的发展，也削弱了居民节能的积极性。

国务院和相关部委陆续出台多个相关文件加强节能减排，推动供热体制改革。其中，《建设部关于落实〈国务院关于印发节能减排综合性工作方案的通知〉的实施方案》（建科[2007]159）中明确指出：到"十一五"期末，建筑节能实现节约 1 亿 tce 的目标。其中，深化供热体制改革，对北方采暖地区既有建筑实施热计量及节能改造，实现节能 1600 万 tce。供热体制改革和北方采暖地区既有建筑节能改造已经成为相互联系，密不可分的整体。因此，加快供热体制改革是我国北方地区既有居住建筑节能改造的首要任务。但应注意到供热体制改革是一项系统工程，涉及面广，直接关系到百姓的切身利益，应当稳步实施。

（二）节能改造技术方案的综合实施

建筑能耗主要由两部分构成，一部分为维持建筑基本功能的能耗，另一部分为体现建

筑物使用功能的能耗。减少建筑基本功能的能耗主要通过技术节能，包括改善设计、提高施工质量、加强外围护结构的热工性能等措施；减少建筑物使用功能能耗主要通过技术节能和行为节能，其中行为节能更为关键。在我国北方的绝大多数地区，维持建筑物使用功能的能源消耗量相对较小，因此，实施节能改造时，应以技术节能为主。

1. 围护结构保温隔热性能改造

为改变我国北方地区大量既有居住建筑采暖能耗大、热环境质量差的现状，进而采取有效的节能改造技术措施，达到节约能源，改善住宅热环境的目的，建设部于2001年制定了《既有采暖居住建筑节能改造技术规程》（以下简称《规程》）。按照《规程》，既有建筑节能改造需达到50%的节能目标，其中，通过墙体等围护结构的改造需获得30%的节能效果。《规程》中规定了不同地区采暖居住建筑各部分围护结构传热系数限值。针对我国北方地区既有居住建筑围护结构的保温隔热和门窗气密性普遍较差的现状，提高围护结构的保温隔热性能，诸如各种保温墙体、保温屋顶、保温外窗、冷桥节点控制、推广可有效控制通风量的通风换气装置是我国北方地区既有居住建筑节能改造可行的技术方案。

2. 热计量改造

供热计量不仅是用户的末端热计量，而应是整个供热系统的热计量，它包括热源级计量（包括热力站）、热入口级计量和用户级计量三级热计量。热源级和热力站级的热计量是供热企业核算供热成本、制订热价的依据，同时也是供热设施考核指标、促进供热企业提高效率的手段。因此，首先一定要把热源级的热计量建立起来。热入口级计量是供热企业与用户结算热费的依据。用户级热计量是同一个热入口级内所有用户分摊该热入口级热费的依据。

这种三级热计量模式不可能一步到位，需逐步推进实施。应根据具体情况，分区、分片及分点（按热源、热力站及热力点）逐步推行，整体推进，注重实效。本着"由源到点，由点到户"的原则，逐步实施计量供热收费。也就是说，在热计量设施建设上，首先实现源级和站级两级热计量，以便制定合理的统一热价（单位供热热量热价）和统一的采暖费标准（单位供热面积采暖费）；然后再推进点级（热入口）的热计量，最后才实施户级热计量。在源、点级热计量方式一般采用超声波热量表，其计量精度和价格都可以适应热计量的要求。

在户级热计量方式上，应因地制宜，采用适当的方式计量，而不能认为只有户用热量表一种计量方式才适用。例如热分配表等其他热计量方式，国外实践已证明这种方式仍然是经济、有效的计量方式之一。值得一提的是，无论采用哪种计量方式，其根本的出发点是这种热计量方式应能促进建筑节能，即该计量方式一定应体现"用热多、热计量数值就越大"的这种用热特性。如果不能体现这种最基本的要求，无论该计量方式多么便宜、多么便于管理也不应该采用。

热计量的目的不仅仅是为了收费，更重要的是为了节能。因为仅有点、户级热计量设施，并不能使用户的采暖节能降低，用户还必须具有调节手段才能真正实现节能。因此热计量，尤其是户级的热计量，应和用户的室内采暖调节手段同时实施。否则，如果仅有热计量而用户没有调节手段，也是无法实现节能目标的。

3. 热源和热网改造

我国北方地区既有居住建筑的采暖方式主要是各种规模的集中供热系统。以前这种集中供热具有较好的能源利用效率和良好的环境效益，所以成为我国城镇供热的主要方式。但是目前，为推进北方地区既有居住建筑的节能改造，通过包括改造围护结构传热性能及实施热计量改造等节能改造技术方案的实施，大幅度降低采暖热负荷后，集中供热的系统损失就成为能耗的主要部分。并且，通过上述对采暖供热系统热效率低下的特点分析，考虑采用各种新的热源和采暖方式就十分必要了，比如目前比较节能的各种热泵系统以及分户采暖系统等形式。其次，热源可采用自动化程度较高、类似"气候补偿器"等自动控制系统，进而可以根据室外温度来实时调节热源的供水温度，提高热源的效率。此外，为避免系统只能以"大流量、小温差"的方式运行，可以采用变频调节技术来实现系统节能运行。

此外，由于大多数热网没有进行很好的水力平衡，或者没有水力调节设备无法进行水力调节，从而造成供给用户的流量与所需流量有很大差异。实测和统计资料表明，集中供暖系统的热力失调和水力失调，严重影响了供暖效果，在部分用户达不到供暖温度的同时，另一部分用户则发生过量供热，造成的能源浪费可占总供热量的约20%。因此，如何采取有效措施避免因水力失调而造成冷热不均、近热远冷现象是当务之急。

综上所述，既有建筑的节能改造技术方案不能靠单打一，如只针对某些问题实行分户控制改造，而不考虑系统综合节能，结果是花了钱却不节能或达不到节能标准。鉴于此，在推进我国北方地区既有居住建筑节能改造的过程中，应综合考虑采用各项节能改造技术，全面实施。

四、北方地区既有居住建筑节能改造潜力分析

由前所述，北方地区既有居住建筑节能潜力十分巨大。以北方城镇采暖地区为例，该地区既有居住面积约有65亿m^2，大部分建筑采暖季平均能耗约为25kgce/m^2，如果在现有基础上实现节能50%，则一年大约可节省0.82亿tce，实现减排$CO_2$1.72亿t、$SO_2$180万t、NO_x80万t及烟尘140万t，节能效果和环境效益十分明显。正因为如此，近年来，中央以及各相关部委、地方政府对北方地区既有居住建筑的高耗能现状及其在建筑节能中的重要意义都高度重视，陆续出台多个文件对北方既有居住建筑提出节能改造目标，并出台了一系列相关政策措施予以保障实施。而且明确提出：到"十一五"期末，北方采暖地区既有建筑通过实施热计量及节能改造，要实现节能1600万tce的目标。

通过积极推进北方地区既有居住建筑的节能改造工作，可以实现我国节能减排事业的跨越式发展，它的顺利实施将极大地改善北方地区人民的生活和工作环境，促进我国国民经济持续健康发展，减轻大气污染，减少温室气体排放，是功在当代、荫及子孙、造福人类的大事。因此，开展北方地区既有居住建筑节能改造工作，对于贯彻可持续发展战略、促进人与自然的和谐发展、建设资源节约型、环境友好型社会具有十分重要的现实意义。

第二节 国内外既有居住建筑节能改造模式

如前所述，北方地区既有居住建筑节能改造意义重大，同时也存在许多障碍，使得节能改造难以启动。为此，一方面需要我们积极借鉴国外推行既有居住建筑节能改造的成功经验，如德国模式、波兰模式等；另一方面需要我们根据自身的实际情况大胆摸索具有中国北方特色的既有居住建筑节能改造"创新模式"，如天津模式、唐山模式等。

一、国外既有居住建筑节能改造模式介绍

(一) 德国模式

1. 德国的住房体制与住宅建筑状况

德国住宅个人私有率很低,如柏林和勃兰登堡州,据估计私有率仅约30%左右。多数房子属于住宅建设公司,产权单一。居民则主要是通过租房来解决居住问题。大的住宅建设公司多数为政府控股企业,其所管理的房屋实际上是政府交其管理和经营的,如DEGEWO住宅建设集团由柏林市政府100%控股,管理了76,766套住宅。

德国,全称是德意志联邦共和国,首都柏林,总面积38.7km²,人口8200多万。德国位于欧洲中部,与丹麦、荷兰、法国等9个国家相邻,地理位置突出,被誉为"欧洲大陆上的十字路口"。德国位于大西洋和东部大陆性气候之间的凉爽西风带,气候常年平稳温和,但早晚温差大:冬季无寒冬、多雨水,阴天多,光照少,平原低地平均气温1.5℃左右,山区平均气温-6℃左右;夏季无酷暑,平原低地七月份平均气温18℃左右,山区七月份平均气温20℃左右。

据统计,原东德地区三分之二的住宅为板式建筑,共有217.2万套。原西德地区仅有3.3%的住宅为板式建筑,约有50万套。板式住宅建筑问题较多,普遍存在着室内布局不合理、面积小、舒适度差等缺陷,部分老旧建筑出现了墙体开裂、结露、渗水等问题,严重影响到居民的生活质量。

2. 基本情况调查

在进行既有住宅节能改造前,德国针对七种被广泛推广的建筑系列作为调查分析的对象展开调查(如图5-3所示),掌握第一手资料,其好处主要有两个方面:一是能够科学论证改造的必要性,从成本大小、技术可行性、城市建设规划、国民经济承受能力四个层面比较分析,进而做出科学的决策,改造还是重建,并进一步确定改造范围;二是能够合理制定改造的方案,一般而言德国既有住宅建筑改造包括住宅的室内环境和室内管网改造、节能与节水改造、建筑物(小区)周边环境的改造三个方面的内容,翔实可靠的基本资料,有助于人们对改造方案进行合理取舍,选择最优。

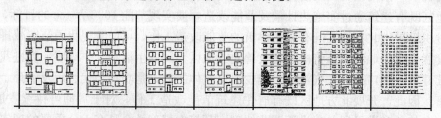

图5-3 德国重点调查的7种建筑系列图

3. 既有住宅改造政策法规

既有住宅建筑节能改造所涉及的政策法规主要有两大类:一是德国政府制定的政策法规,使节能改造做到"有法可依、有章可循",便于管理部门规范既有住宅改造的相关行为;二是政府出台的推动既有住宅节能改造的经济激励政策,如优惠贷款等。

德国针对既有住宅改造制定的政策法规,主要包括三个部分:一是联邦政府制定的住宅建筑节能技术法规,如DIN4108等;二是州政府制定的既有住宅改造管理办法,

如勃兰登堡州在1991年就已经出台过《既有住宅改造管理办法》，规定了可以申请住宅改造的区域和住宅类型；三是政府制定的改造后租金方面的法律规定，允许住宅公司或产权单位通过提高租金来逐步收回改造投资，但不能将改造成本全部转嫁给租户。

建筑节能，尤其是既有住宅建筑节能改造引起德国国内相关人士的重视仅仅是近几十年的事情。特别是1973年的能源危机，使人们清醒地认识到资源的稀缺性，节能观念开始深入人心，各种政策也随之出台（如图5-4所示）。

既有住宅节能改造过程中存在着严重的外部性，外部性存在导致市场失灵。因此，要想顺利推动住宅建筑节能改造，必须要采取相应的经济激励政策。德国采取的优惠措施主要包括三个方面。一是优惠贷款，对于符合政府规定的改造项目，政府将给予一定程度的优惠贷款，优惠贷款额度不超过改造总投资的75%，利率在1%~3%，10年~15年内利率保持不变。二是节能专项优惠贷款，如果项目除了基本的室内外改造外，还采取其他一些节能措施，如太阳能和热回收装置，则可以申请节能专项优惠贷款，如在勃兰登堡州，住宅改造优惠贷款的标准为：六层及以下的住宅160€/m^2，6层以上的住宅490€/m^2，采取太阳能和热回收装置等节能措施的追加70€/m^2。三是新能源法给予的优惠政策，对建筑物利用太阳能发电并实施并网的，给予0.65€/kWh的上网电价，鼓励太阳能等清洁可再生能源的利用，当地居民生活用电仅0.08~0.10€/kWh。

4. 实施改造

德国住宅建筑节能改造涉及的相关主体包括：政府、投资银行、咨询公司、住宅公司等，他们在节能改造中的相互关系以及发挥的作用如图5-5所示。

其中：①是用户向投资银行提出贷款申请；②是投资银行委托咨询公司对项目进行综合评估；③是咨询公司对用户、住宅建设公司、既有住宅建筑实施项目评估；④咨询公司为投资银行提供贷款额度建议；⑤咨询公司为住宅建设公司提供改造方案和建议；⑥投资银行为用户提供贷款；⑦用户投资住宅建筑改造；⑧住宅建设公司实施既有住宅建筑改造；⑨咨询公司进行改造后评价。

需要指出的是，投资银行向用户的贷款额度由负责基础设施贷款的评估公司进行评估，使此种优惠贷款的额度不得超过改造成本总额的70%，剩余部分通过市场自筹。

5. 改造效果

德国的既有住宅节能改造取得了比较理想的效果，原东德地区大部分板式建筑得到了改造。既有住宅经过现代化改造后，能耗指标降低明显，建筑物外观和室外环境都得到明显的提高，减排CO_2方面也成效显著：采暖耗电量由119kWh/(m^2·a)最多减少到43kWh/(m^2·a)；排放由46kg/(m^2·a)最多减少到21kg/(m^2·a)。

住宅公司方面，改造后租金每月可以增加1.0~1.5€/m^2，而且出租率提高，因此一般情况下，改造投资可以在10~15年得到回收。如果再辅助以太阳能光伏电池发电，由于上网电价较高，那么大约8年就可以收回投资。

住户方面，虽然改造后租金增加，但是运行费用（水、电、气、采暖等）可以节约20%~30%，总体上住户的使用成本（房租和运行费用）仅增加15%左右，但是居住质量显著提高。

大环境	保温无足轻重	安全性最受关注	保温不受重视	保温不受重视	保温开始受重视	1973年能源危机	1973年能源危机	建筑节能引起广泛关注	建筑节能引起广泛关注	建筑节能引起广泛关注
大事件	佩腾科沃尔Pettenkofer提出了对建筑物室内卫生和空气质量的要求	柏林市颁布了《建筑安全条例》，对多层建筑的砖墙壁厚做了规定	DIN4110标准对新建建筑，对新建建筑提出了20项要求，仅在最后一点中提到了保温和隔热要求	第二版DIN标准，对新建建筑提出了大量的保温和隔热要求	艾宾豪斯Ebinghaus 撰写《高层建筑》的教科书，出版，引入了三个保温等级，1960年，1969年又进行了修订	DIN4108《高层建筑保温》DIN4108的补充规定颁布，要求安装最大K值3.5 W/m²·K的双层中空玻璃窗，并限制了窗户的气密性	联邦政府颁布了《建筑节能法》EnEG，泛规定了改造时的建筑保温要求	第1版《建筑保温法》、DIN4108《高层建筑保温》、第2版、第3版《建筑保温法》相继颁布	新版DIN 4108-2对最低保温要求做了规定	新版《建筑节能法》EnEV2002颁布，对年采暖能耗提出了具体的要求
	19世纪中期	1897年	1934年	1938年	1939年	1952年	1974年	1976年	1977年	2001年	2002年

图 5-4 德国节能法规大事图

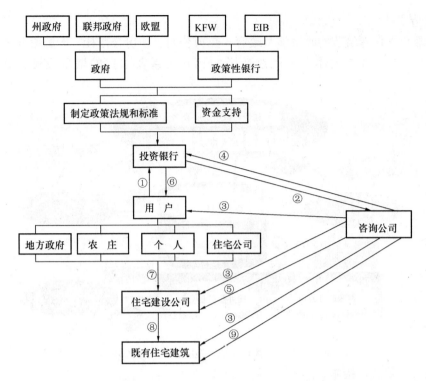

图 5-5 德国住宅建筑节能改造相关主体相互关系及改造程序图

（二）波兰模式

1. 改造背景

波兰的供热特点明显。城市住房大约有 76.6% 的比例采用集中供热，其中大城市采取的是以热电联产为热源的区域供热，供热厂一般建在热用户密集区，以低消耗高效率向用户保证供热，供热锅炉仅仅在热负荷超载时才发挥"支持"作用，而小城市采取的是锅炉房区域集中供热；农村住房仅仅有 4.7% 的比例采用集中供热。波兰的住宅采暖以双管系统为主，只有少部分采用俄罗斯式的单管系统。

波兰共和国，首都华沙，总面积约31.3km², 人口3800多万。波兰是一个中欧国家，西与德国家接壤，南部与捷克和斯洛伐克为邻，东面是乌克兰和白俄罗斯，东北部和立陶宛及俄罗斯接壤，北面濒临波罗的海，地理位置重要。波兰绝大部分地区位于东欧平原，平均海拔173m，仅南部地势有所起伏。波兰属温带大陆性气候，冬天寒冷、多云、多降雨，最冷月平均气温为-1~5℃；夏天潮湿、多雷阵雨，最热月平均气温为17~19℃。

据统计，波兰共有住房约 1140 万套，其中城市住房 760 万套，农村住房 380 万套。波兰大约有 90% 的老住房属于混凝土砌块建筑，保温不良，渗漏严重，热损失严重，供暖及生活热水单位面积能耗为发达国家的两倍左右，节能工作远远落后于西方发达国家。

波兰的供热采暖最初实行的是按建筑面积收费的制度。在能源价格比较低的年代，采暖收费相应较少，差额部分国家财政进行补贴；随着能源价格的上涨以及市场经济制度的完善，波兰政府明确提出建筑热工与供热现代化的方案，在对建筑物、热源、热网进行现代化节能改造的同时，对建筑采暖进行计量收费改革。

77

2. 改造主体

波兰既有居住建筑节能改造涉及政府、热力公司、住房合作社、能源服务公司、房产主、银行等，各个改造主体在节能改造中的相互关系及承担的增量投资比例如图5-6所示。

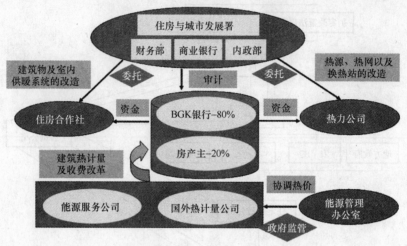

图5-6 波兰既有住宅改造各方及相互关系图

3. 综合节能改造措施

建筑节能改造是一项系统工程，各个环节之间密不可分。围护结构改造是建筑节能改造中必不可少的组成部分，但仅采取围护结构改造，不实行采暖计量收费，节能效果不理想。据华沙某住房合作社负责人介绍，曾经有过"围护结构保温、室内供暖系统不动"的改造案例，结果住户开窗散热，节能效果甚差。要想实行采暖计量收费，必须使用户对采暖设施能够进行控制，而这就要求整个采暖系统能够进行动态调节。正是考虑到建筑节能各环节之间的紧密联系，波兰的既有居住建筑节能改造采取了综合节能改造措施。

在热源改造方面，采用高效锅炉、换热器及现代化的控制设备；在热网改造方面，采用高效保温管道、水力平衡设备及温度补偿器；在热用户改造方面，对室内供暖系统进行计量及安装调节控制设备仪表等。

此外，波兰还对分散锅炉房进行了技术改造，使其与集中供热管网相连接，并从燃煤改为燃气。

波兰的热计量收费改革，进展很快、效果明显。迄今为止，城市建筑中安装总热表的比例已超过40％以上，用户安装恒温阀比例已超过15％以上，建筑安装热量分配计的比例已超过13％以上。相应的，大约有60％的已安装热表及热分配表的用户缴纳采暖费的方式已经由过去的热力公司按建筑面积收费改成了住房合作社按计量的热量收费。

4. 政策与管理

首先，政府在经济上给予大力引导和支持。为了推进建筑节能，波兰政府积极从经济上大力引导和支持，如安设热表可补贴费用的50％；安设家用热水表开始也是补贴50％，后来发现此事无需鼓励，用户会自觉去做，于是改为补贴10％。又如在散热器上加安恒温阀以及换热站改造，使用本国产品的由国家补贴50％，使用进口产品的由国家补贴

30%，其余由住房合作社提供资金，否则就得不到补贴。

其次，金融配套措施到位。波兰法律规定，关于建筑热工和供热系统现代化的投资，回收期不得超过7年，其改造方案及计划、预算通过审计后，节能改造费用中的20%由房产主支付，其余的80%由管理国家建筑基金的BGK银行贷款。改造好的项目，在7年的回收期内，房产主只要偿付贷款（及利息）的75%，其余25%由BGK银行从国家建筑基金中支付。

最后，改造分工比较清晰。热源、热网以及换热站的改造由热力公司负责；建筑物及室内供暖系统的改造则由住房合作社负责。

二、国内既有居住建筑节能改造模式介绍

（一）天津模式

1. 改造背景

为了摸索既有居住建筑节能改造工作的经验，2005年天津市建委与塘沽区建委、塘沽区供热办、天津裕川置业公司等单位共同合作，选择塘沽区北塘杨北里住宅为试点单位进行试点改造。

"塘沽区北塘街杨北里"住宅楼，为天津裕川置业公司1997年投资兴建并负责供热住宅项目，建筑面积为7000m^2，原设计外墙为370mm厚黏土砖墙，屋顶为平顶，并采用1:10水泥蛭石保温，外窗为单玻铝合金窗，入口开敞楼梯间。

2. 改造主体

天津市"塘沽区北塘街杨北里"住宅楼改造项目的主体主要包括：政府和供热企业。考虑到老百姓的收入状况和对节能改造的投资意愿水平，天津市相关部门制定了"供热企业投资为主、政府补贴为辅"的节能改造策略，同时制定了"谁投资谁受益"的改造原则，充分提高了供热企业投资的积极性。政府和供热企业在节能改造中的相互关系及承担的增量投资比例如图5-7所示。

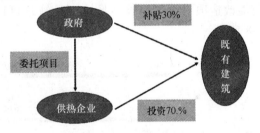

图5-7 天津市既有居住建筑节能改造模式图

3. 改造方案

天津市"塘沽区北塘街杨北里"住宅楼改造项目采取的主要技术措施包括围护结构和供热系统两个方面。围护结构改造的主要措施包括：外侧粘贴60mm厚聚苯板，屋顶铺设100mm厚聚苯板，在原单玻铝合金窗的基础上，加一层单玻塑料窗，在楼梯间入口处加设自闭式对讲保温门。为了形成独立的供热系统，增设一个换热站，采用变频水泵，安装计量表，实现自动的量调节和质调节。

4. 改造效果

"塘沽区北塘街杨北里"节能改造工程节能效果极为显著，达到了天津市居住建筑节能设计标准规定的"节能65%"的要求，是一种"多赢"的模式。

通过节能改造，政府获取了显著的社会效益。节能改造的社会效益主要体现在三个方面：一是降低了空调用电总能耗，缓解了电力供应的紧张程度；二是提高了小区空气环境质量，据测算，该小区每采暖季每平方米建筑面积减少废气排放量1707m^3，减少烟尘排放量0.83kg；三是改善了市容市貌，楼房旧貌换新颜，变得干净整洁。

此外，供热企业也获取了比较理想的经济效益。供热企业获取的经济效益主要体现在两个方面：一是节省了燃煤费用，每采暖季节约标准煤量为 16.1kg/m^2；二是增收初装费和采暖费，节省供热工程建设费，据计算，天津裕川置业公司在原供暖锅炉房的容量不增加的情况下，能够增加供热面积 6500m^2，供暖面积扩大接近一倍，整个项目的投资回收期仅为 5.44 年。

最后，通过节能改造，提高了房屋围护结构的保温效果，居民获得了比较大的实惠。一方面节省了电费（夏季空调用电节省 50% 左右），另一方面提高了冬季采暖舒适度。

（二）唐山模式

1. 改造背景

德国既有住宅建筑节能改造具有比较先进的理念、技术、经验。为了更好地引进、学习、借鉴德国的经验，针对中国北方地区的实际情况，建立起适合我国国情的既有建筑节能改造政策和技术体系，2004 年中国政府与德国政府签署技术合作项目协议，决定启动唐山市"中国既有建筑节能改造"示范项目。

唐山市"中国既有建筑节能改造"示范项目位于唐山市北部的"路北区河北 1 号小区"，小区建于 1978 年，是唐山市大地震后第一批恢复建设的大面积住宅小区。改造工程主要针对该小区 509、512、515 三栋住宅楼，总建筑面积 6319m^2，涉及住户 135 户。三栋建筑保温性能相对较差，冬季室内温度不足 16℃，节能性及舒适性均较差。

唐山市"中国既有建筑节能改造"示范项目面临一系列的问题和困难，主要体现在三个方面：一是缺乏可以依据的既有居住建筑节能改造政策法规；二是既有居住建筑节能改造项目管理经验不足；三是缺乏可以参照的既有建筑节能改造技术标准。如图 5-8 所示。

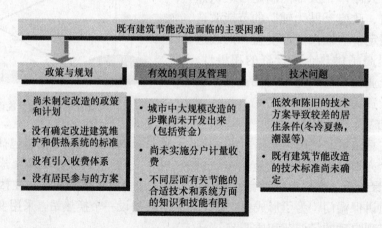

图 5-8 唐山市既有居住建筑节能改造示范项目面临的主要问题

为了确保该项目顺利实施，中央和地方的各级领导高度重视，制定了周密的计划和安排，整个示范项目改造实施大致包括四步程序：前期测试与调查、改造方案的设计与修正、全过程群众动员工作、改造施工。

2. 前期测试与调查

为了确认改造前的建筑物状况，便于改造方案的设计与修正，并准确地量化节能改造效果，相关人员组织了前期的测试与调查，主要包括五个方面的内容：一是室外气象条件，二是建筑结构和气密性，三是建筑室内热环境，四是建筑能量消耗，五是居民信息调查。如表 5-1 所示。

唐山市示范项目前期测试与调查内容表　　　　　　　　　　表 5-1

室外气象条件	建筑结构和气密性	建筑室内热环境	建筑能量消耗	居民信息调查
温　度	构件尺寸及密度	室内墙表温度	采暖能耗	人　口
湿　度	混凝土抗压强度	室内空气温度	燃气能耗	健　康
风　向	钢筋保护层厚度			收　入
风　速	外墙板关键固定部位钢筋锈蚀	室内空气湿度	用电能耗	支　出
	墙体表面附着力			装修情况
太阳辐射	建筑物气密性			感　受
	围护结构热工缺陷			意　愿

通过前期的测试与调查，设计人员掌握了翔实的第一手资料，不但准确确定了改造前建筑物的耗能量，而且对建筑物的结构性能有了一定的了解，检测出了建筑物存在着严重热桥的部位，并收集到了准确的居民基础信息，为群众工作提供基础。

3. 改造方案设计与修正

改造方案由中德专家共同确定，从技术可行、经济效益合理、节能效果明显三个方面出发，以德国既有住宅建筑综合改造理念为基础，完成了改造方案设计。改造方案主要有三方面的特点：一是以综合改造为理念，不但对建筑物进行改造，还要对周围的环境进行改造；二是"以人为本"，在设计时，充分与居民交流沟通，倾听老百姓的意见和建议；三是"中国特色"，设计人员根据当地的实际情况，对德国的既有建筑改造方面先进的技术进行了调整，在暖通部分设计方面做到了以中国设计为主。

确定了"WWRF"改造体系和节能改造施工进度计划，如图 5-9、图 5-10 所示。其中，"WWRF"改造体系主要包括四个部分的内容：一是门窗系统的改造（Windows transformation），二是外墙系统的改造（Wall retrofit），三是屋面系统的改造（Roof retrofit），四是立面改造（Facade retrofit）。

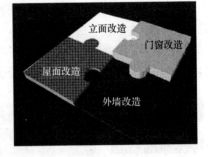

图 5-9　WWRF 改造体系示意图

4. 全过程群众工作

唐山市既有居住建筑节能改造的过程中，充分体现了"以人为本"的原则，十分注意倾听老百姓的意见和建议。为了能够保证工程的快速启动和顺利进行，相关部门开展的群众工作始终贯穿整个节能改造的全过程，如图 5-11 所示。

5. 改造施工

唐山市既有居住建筑节能改造示范项目之所以能够顺利进行，一方面是因为准备工作细致周到，不仅进行了周密的前期测试与调查，而且群众工作贯穿节能改造的整个过程；另一方面是因为项目管理过程控制准确到位，不仅加强了项目组织管理控制，而且加强了

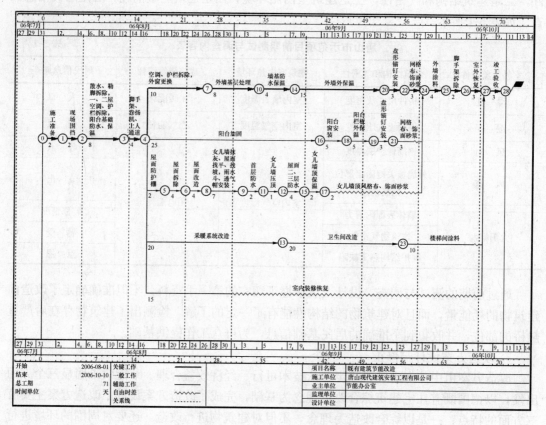

图 5-10 节能改造施工进度计划图

项目融资管理控制。

唐山市既有居住建筑节能改造示范项目管理主要包括两部分：一是项目组织管理，唐山市健全领导机制，形成了由环环相扣的"项目领导小组、项目指挥部、施工项目部"三部分组成的"三级项目领导小组"，如图 5-12～图 5-14 所示；二是项目融资管理，相关部门积极进行项目融资，充分调动了相关主体的投资积极性，政府、供热企业、业主等纷纷出资，使得节能改造拥有坚实的资金支持，如图 5-15 所示。

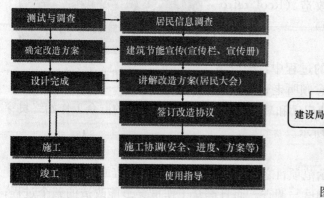

图 5-11 全过程群众工作示意图

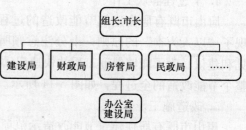

图 5-12 唐山市既有居住建筑节能改造项目领导小组

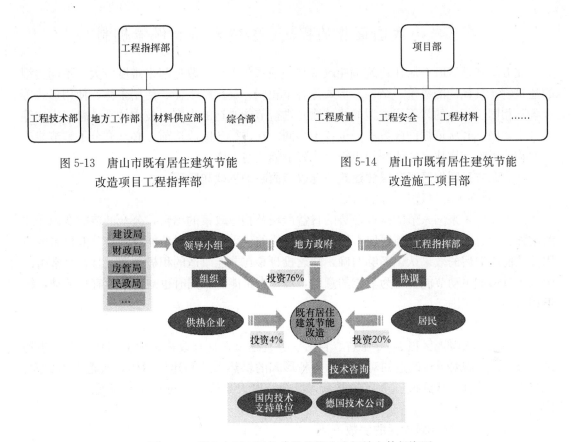

图 5-13　唐山市既有居住建筑节能
改造项目工程指挥部

图 5-14　唐山市既有居住建筑节能
改造施工项目部

图 5-15　唐山市既有居住建筑节能改造相关主体投资图

6. 改造效果

唐山市既有居住建筑节能改造项目取得了比较理想的效果，达到了节能 65% 的标准。居民室内热舒适度得到了较大的提高，室内平均温度由 15℃ 提高到了 23℃；居民的生活环境得到了较大改善，建筑物更加美观实用（如图 5-16 所示），墙体霉变等现象基本上被杜绝，灰尘、噪声等污染相对减少；冬季供暖耗能量减少 30% 以上。

图 5-16　改造前后外观对比图

第三节 我国面临的挑战、应对策略和保障机制

北方采暖地区既有居住建筑节能改造是一项系统工程，改造起来难度较大。不同类型的建筑物，其耗能的数量、结构、形式等各不相同，其产权主体、使用主体、使用形式等也各不相同。相应的，不同类型的建筑物，进行节能改造的内容、技术体系、融资方式等就各不相同，其所依据的政策法规也各不相同。在进行节能改造前，必须充分了解节能改造面临的困难和挑战，才能顺利组织完成好节能改造工作。

一、北方采暖地区既有居住建筑节能改造面临的挑战和障碍

（一）公众缺乏对建筑节能的认识

由于近些年来国家节能减排形势的日益严峻及相应政策的出台，公众的节能意识才逐渐增强。但总的来说，目前居民百姓对建筑节能的认识不深，对节能技术、节能措施的应用及节能改造后的效果认识不够明确，缺乏投身参与节能改造的积极性。并且在日常生活中也没有形成主动节能、行为节能的意识，浪费大量能源。同时也缺乏节能宣传活动，缺乏相应的社会氛围。

（二）改造规模大

我国北方采暖地区覆盖15个省、自治区、直辖市，具有改造价值的居住建筑面积超过30亿m^2。需要进行改造的对象包括各种形式的供热系统和建筑本体，改造工程量大、系统复杂，并且牵涉到成千上万的群众，群众意愿很难统一，对政府来说是一个巨大的挑战。

（三）既有居住建筑能耗的底数不清

北方采暖地区既有居住建筑的现状调查和能耗普查工作至今尚未开展，不同时期建筑结构形式、供热系统等基本信息严重缺失。同时由于涉及供热企业的利益，很难得到每年采暖期间准确的能耗量，导致至今地方对节能和非节能建筑的比例不清楚。不同建设年代、不同结构形式及不同供热系统建筑的真实供暖能耗数据缺乏，使得无法掌握改造前需知的能耗基线问题，致使节能改造工作不容易抓住重点，没有统一规划和改造计划，不能科学合理地确定改造对象，并且对改造后的节能潜力也不能进行准确的评估，这在一定程度上会影响节能目标的实现。

（四）组织协调难度大

对于既有居住建筑节能改造来说，组织协调是能否顺利开展既有居住建筑节能改造工作的关键。既有居住建筑节能改造涉及的相关利益主体不仅包括中央政府、地方政府、供热企业、产权单位、业主、节能服务公司，还包括规划设计单位、材料设备供应商、施工单位、监理单位、物业管理单位等，如图5-17所示。不同主体在既有居住建筑节能改造中扮演着不同的角色，代表着不同群体的利益，对节能改造的认识和积极性也各不相同，再加上北方既有居住建筑节能改造所依据的政策法规并不系统和完善，所以，改造工程实施起来，多个单位之间进行协调与配合难度较大。

其中房屋产权所有人，也就是居民百姓的协调工作相对较难开展。根本原因在于我国居住建筑与原东德地区或波兰相比，居住模式差别很大。原东德地区的住房基本上都是由住宅合作社建造，属于公有，住宅私有化程度很低，并且产权单一，很少存在一个楼宇多

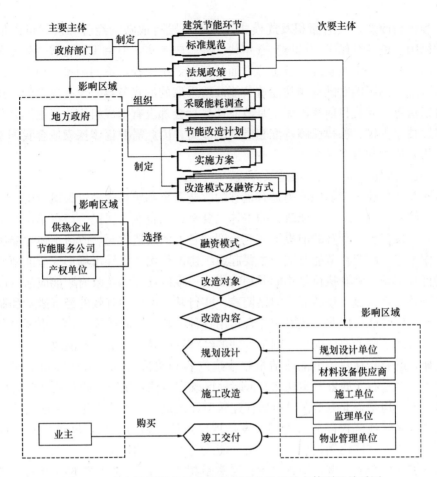

图 5-17 北方地区既有居住建筑节能改造相关主体利益关系图

个产权主体的状况，政府在进行节能改造时只面对一个产权人，容易协调。对于出租房屋，由产权所有人决定是否改造，不需征求住户的意见。对于产权房，建筑规模较小，一般是单一的产权人，可以自行决策。但我国北方居住建筑私有化程度很高，产权多样化，业主涉及政府、企事业单位和个人，一栋居住建筑一般有几十个产权人，甚至更多。各方出于对自己利益的考虑，改造意愿很难统一，这样就严重阻碍了节能改造工作的开展。

对于供热企业来说，最能吸引他们开展节能改造的就是通过对供热管网的热调节改造和建筑本体改造后节约供热量，降低供热成本。但开展节能改造需要投资，从目前看，供热企业很难充分预见到节能改造的效果，不能较清晰地预测出投资回收期。而且完成供热计量改造后实施按用热量收费制度，某种程度上使得供热企业的利润遭受损失，与按面积收费相比，投资改造降低供热成本后，利润未必得到增加，因此供热企业投资改造的热情并不高。

同时，开展既有居住建筑节能改造，也会涉及各级规划、建设、财政等政府职能部门的工作领域，如何充分的沟通协调，在政府统一组织下相互支持与配合，也是开展节能改造必须解决的一个重要问题。

（五）缺乏推广经验

与发达国家相比，我国既有居住建筑节能改造开展得较晚，主要是近几年才开始对一些示范工程进行改造，改造面积及规模相对较小，没有成熟的经验和模式可以借鉴和推广。虽然德国、波兰开始于20世纪90年代，经验较丰富，但由于既有居住建筑节能改造是包含技术、政策、组织管理、资金等方面的复杂系统工程，不同国家和地区受地理、经济、政治等因素的影响对既有居住建筑节能改造采取的形式各异，没有成熟的、适用性强的经验可以借鉴。并且目前我国无论是政府还是社会都没有形成组织改造主体参与、整合融资方式、技术支撑、法律保障等配套措施的能力，因此需要逐步探索适合我国不同地区实际的供热新体制和改造模式。

（六）缺乏激励政策、融资渠道及方式

实施既有居住建筑节能的前提是有足够的改造资金和顺畅的融资渠道做支持，辅以相应的经济政策做激励。实施节能改造的主体主要有供热企业、居民、产权单位和能源服务公司，只有在确保各方利益的前提下，充分调动各方的改造意愿，改造主体才能出资参与到这项工作中来。政府在节能改造中主要起组织协调作用，引导市场形成节能新机制，仅靠政府的行政干预和强制执行是不能顺利完成这一艰巨任务的，政府职能应从行政强制转变为经济引导，从直接管理转变为间接调控，实行基于市场的有效的经济激励和制约，引导市场主体自发节能。因此，政府应综合运用各种财政、税收政策工具，重视财税政策与其他政策措施和手段的协调配合，制定合理的经济激励政策，撬动节能改造市场。

据统计，既有居住建筑节能改造根据改造内容和改造后所达到指标的不同，成本在$150\sim400$元$/m^2$左右。如果要实现北方采暖地区既有居住建筑节能改造的既定目标，需要的投资量巨大。但是，北方地区既有居住建筑节能改造融资困难重重，原因主要有三个方面：一是北方采暖地区大部分省市属欠发达地区，地方财力不足，供热企业效益并不理想，居民中低收入群体比例较高，很难给节能改造以有力的资金支持；二是部分主体出资意愿不高，以居民个人为例，调查显示：愿意承担10%以下改造成本的居民占整个被调查对象的比例高达74%，而愿意承担超过20%改造资本的比例仅有6%，如图5-18所示；三是既有居住建筑节能改造融资市场亟待完善，由于北方地区既有居住节能改造市场并未完全形成，其潜在的商机和利益并未完全呈现，导致商业银行提供的信贷工具和产品很少，各种投机性投资主体对既有居住建筑节能改造的积极性不高。

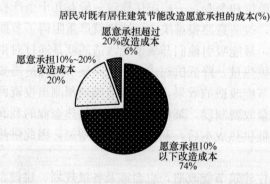

图5-18 居民对既有居住建筑节能改造愿意承担的成本图

发达国家的经验值得借鉴，如德国投资银行代表政府为改造项目提供优惠贷款，波兰由管理国家建筑基金的BGK银行负责贷款。目前我国尚无用于节能改造的、有效的、长期性财税激励政策，缺乏节能专项资金，缺乏资金筹措方式、融资模式，亟需通过制定激励性的财税政策以减小节能改造中主体经济利益与社会利益的差异，使节能产生的社会效益与市场主体自身的经济效益相一致。

（七）技术标准和技术支撑体系不完善

既有居住建筑节能改造内容既涉及热源及供热系统改造、围护结构改造、供热计量改造，又涉及能耗统计，节能改造施工、验收、检测等多项技术。节能改造的成功离不开技术的进步，没有技术和产品创新，就没有节能的潜力，就失去了改造的意义。然而，从我国目前居住建筑节能改造的整体现状来看，仍是水平较低、规模较小、物耗较高、效益较低，并且节能改造技术方案单一，没有针对不同气候区的成套、经济、适用当地的集成应用改造技术，与国外先进水平相比仍有一定差距。因此，研究推广成熟、可靠、安全、适用的改造集成技术和供热计量技术，制定科学的能耗统计标准、节能改造施工技术规程、节能改造工程质量验收规范、供热系统节能性能检测标准，以指导北方采暖地区的既有居住建筑节能改造，成为亟待解决的又一重要问题。

二、应对策略及保障机制

（一）应对策略

节能改造应由政府组织协调，发挥市场机制的作用，因地制宜，通过制定合理的经济激励政策，引导改造主体主动参与。改造过程应分步骤、有计划地推进。先通过示范探索、总结经验、创建节能改造新模式、创新相关制度，再全面、稳步地推广。同时应加强节能改造的技术支撑体系的建设，创新改造技术，以指导工程改造的实施。改造过程中要对节能目标和政府能力进行双重考核，分别考核节能改造目标的实现情况和各级政府及相关部门对改造任务的落实情况，通过加强政府监管，最终取得节能改造的实效。

节能改造过程要遵循如下原则：坚持节约能源与节省热费支出并举的原则，节能改造应与城镇供热体制改革同步推进，降低采暖能耗的同时，节省居民热费支出。坚持兼顾各方面利益的原则，尊重居民个人改造意愿，保障低保人群的权益，兼顾供热企业、能源服务公司的利益，确保社会和谐稳定。坚持技术经济合理性原则，分析被改造建筑的围护结构及供热系统的现状及节能改造的效益与居民室内热舒适性改善程度，分析改造的可行性和投入收益比，在合理的回收期内，当改造收益小于改造成本时不予改造。坚持政府引导与发挥市场机制作用相结合的原则，因地制宜，积极研究选择适合当地实际的改造模式和融资方式，培育节能改造能源服务市场，推动供热企业改革，加强政府监管，充分运用市场机制，分步骤、有计划地推进节能改造和供热体制改革工作。

（二）保障机制

开展好北方地区的节能改造要利用组织管理、政策体制、经济激励和技术进步等几个方面来作为保障。要有健全的组织体系。要从国家到地方各个阶层建立供热计量及节能改造领导小组，建立工作联席会议制度，统一研究、协调、部署工作中的重大问题，管理改造工作的实施，组织对各地改造方案进行评审及考核，提供技术支撑、培训与宣传等工作。要积极推进城镇供热体制改革。通过完成采暖费补贴"暗补"变"明补"的改革，建立个人热费账户，完善供热价格形成机制，实行按用热量计量收费的制度，以促进供热计量改造的实施。在改造的初期，国家将优先支持城镇供热体制改革取得实质性进展的城市进行节能改造。完善经济激励机制，通过中央财政设立北方采暖地区既有居住建筑供热计量及节能改造专项资金，对达到预期节能效果、有效降低居民热费支出的改造项目给予一定的财政资金奖励；对开展建筑现状调查、能耗统计、标准制定、关键技术研究、节能服务等工作给予适当的财政支持，以此来激励节能改造工作的开展。建立完善的标准体系、推动技术进步。通过制定既有建筑节能改造技术标准和供热计量产品标准，编制北方采暖地区既有居住建筑供热计量及节能改造技术及产品推广、限制、淘汰目录。编制适合各地的节能改造相关技术规程、图集、工法等，指导和规范节能改造项目的实施。

  目前我国北方采暖地区既有建筑节能改造还处于示范阶段，没有形成良好的运行机制，同时由于居住建筑的产权私有化率较高，建筑结构复杂，缺乏改造标准，资金筹措渠道不畅通，难于组织协调等原因，节能改造陷入了举步维艰的状态。只有在借鉴国外尤其是东欧国家既有居住建筑节能改造成功经验的同时，总结国内近些年来的工作教训，分析难点，创新改造模式，建立相关的机制、体制，进而探索出适合我国北方采暖地区既有居住建筑节能改造的有效途径，才能真正解决这一难题。

第六章 可再生能源在建筑领域规模化应用

可再生能源在建筑领域的应用是建筑节能工作的重要内容,可再生能源在建筑领域的规模化应用对国家实现建筑节能发展目标具有重要的作用。

第一节 可再生能源在建筑领域应用的现状

一、可再生能源建筑应用简介

可再生能源是指从自然界获取的、可以再生的非化石能源,其各种形式都是直接或者间接地来自于太阳或地球内部所产生的热能,包括风能、太阳能、水能、生物质能、地热能、海洋能、潮汐能等。建筑行业是可再生能源应用的重要领域,在建筑节能领域中应用较多的是太阳能、地热能、生物质能和风能等,包括太阳能利用技术、太阳能绿色照明技术、与建筑一体化的太阳能发电技术、生物质能利用技术和垃圾发电技术等。目前,可再生能源与建筑结合的程度还不够,应用范围较窄,系统优化设计水平不高,距离大规模推广应用还存在着不小的差距,需要大力进行扶持、引导,使其尽快达到规模化。下面主要介绍几种可再生能源在建筑中的应用情况。

(一)太阳能在建筑中的应用

我国太阳能资源相当丰富(参见第十章)。尤其是青藏高原地区,那里平均海拔高度在 4000m 以上,大气层薄而清洁,透明度好,纬度低,日照时间长。例如被人们称为"日光城"的拉萨市,1961~1970 年的年平均日照时间为 3005.7h,相对日照为 68%,年平均晴天为 108.5 天,阴天为 98.8 天,年平均云量为 4.8,太阳总辐射为 8.16×10^6 kJ/($m^2 \cdot$年),比全国其他省区和同纬度的地区都高。全国以四川和贵州两省的太阳年辐射总量最小,其中尤以四川盆地为最,那里雨多、雾多、晴天较少。例如素有"雾都"之称的成都市,年平均日照时数仅为 1152.2h,相对日照为 26%,年平均晴天为 24.7 天,阴天达 244.6 天,年平均云量高达 8.4。其他地区的太阳年辐射总量居中。

我国太阳能资源分布的主要特点是:1)太阳能的高值中心和低值中心都处在北纬 22°~35°这一带,青藏高原是高值中心,四川盆地是低值中心;2)太阳年辐射总量,西部地区高于东部地区,而且除西藏和新疆两个自治区外,基本上是南部低于北部;3)由于南方多数地区云雾雨多,在北纬 30°~40°地区,太阳能的分布情况与一般的太阳能随纬度而变化的规律相反,太阳能不是随着纬度的增加而减少,而是随着纬度的增加而增长。

按接受太阳能辐射量的大小,全国大致上可分为五类地区:其中一、二、三类地区,年日照时数大于 2000h,辐射总量高于 5.86×10^6 kJ/($m^2 \cdot$年),是我国太阳能资源丰富或较丰富的地区,面积较大,约占全国总面积的三分之二以上,具有利用太阳能的良好条件。

在了解了我国太阳能资源分布的主要特点后,就可以因地制宜地去发展太阳能建筑。太阳能能够为建筑提供供暖、热水、自然采光、强化通风、空调制冷和部分电力供应,是实现建筑能源供应可持续发展的重要内容。关键问题是如何与建筑结合，实现太阳能建筑一体化的规模利用。目前太阳能在建筑中的利用方式主要有：太阳能光电利用技术、太阳能光热利用技术。从我国的实际情况和居民的经济能力来看，太阳能光电技术成本过高，尚未能在建筑中大规模的推广应用。而太阳能光热利用技术在建筑中的应用，尤其是利用太阳能来满足建筑中热水、采暖乃至空调是实现建筑节能的有效方法。图6-1为一个由24块太阳能电池板组成的方阵，是一个2000W左右的小型太阳能光伏独立电站，它为这个社区的景观灯、草坪灯提供充足的电力保证。图6-2为某工厂的太阳能洗浴工程。

图6-1 某小型太阳能光伏独立电站　　图6-2 某工厂太阳能洗浴工程

在我国各类建筑中太阳能利用的最大问题是太阳能利用器件与建筑结构不相匹配，影响建筑外观，安装位置受到限制。而且，太阳能利用技术和系统种类单一、现有技术和产品考虑在建筑中的应用太少，这是太阳能利用技术需要突破的瓶颈之一。太阳能利用还存在着不连续性和能量密度低的特点，受天气、季节变化的影响，必须与辅助能源系统结合使用。

（二）地热能在建筑中的应用

地球的结构可以分为地壳、地幔、地核三个部分。随着相对地表距离的增加，温度逐渐提高。地球的大部分热量是4亿年以前地球由星云固化时形成的，在地核部分6400km处温度可以达到5000℃，几乎与太阳表面一样热（太阳表面的温度约为5500℃）。地球核部的热量不断地向外释放，使得地幔部分的岩石溶解形成岩浆，由于岩浆密度较轻，它在热能的作用下开始缓慢地向地壳上浮，在地壳的脆弱带岩浆可以喷出地表形成火山。大多数状况下，岩浆停留在地壳以下，加热周围的岩石和下渗的雨水。一部分被加热的水经过断裂或破碎的岩石再次流出地表形成温泉，但大部分保存在地下多孔破碎的岩石中，这种保存热水的岩石就叫热储层。原国家地矿部在矿产资源法实施细则的立法解释中对地热概念做了明确的解释：地热是指地壳内岩石和流体中（液、气相）能被经济合理地开发出来的热能，共分为蒸汽型、热水型、地压型、干热型和岩浆型五种类型。

我国地热资源丰富。已发现的地热露头点有2500余处，其中东南沿海、西藏、云南一带是地热资源丰富的地区。据统计，我国全年天然地热资源量为1.04×10^{17} kJ，折合35.6亿吨标煤。开发和利用地热资源对我国调整能源结构、促进经济发展、实现城镇化战略等有重要的意义。但是，由于地热能分布相对比较分散，开采难度大。

近年来，地源热泵技术在我国得到了长足的发展。地源热泵可以利用低品位热能，受资源条件的限制较小，因此在建筑中得到了广泛的应用。地下岩土层含水层是地源热泵系统运行工作的"热汇"与"热源"，地下的温度是确保地源热泵系统高效、稳定、可靠、可持续运行的"环境参数"。地源热泵应用的基本原则是必须保持夏季向地下释放的冷凝热与冬季从地下吸取的热量相等，而不需要利用地下其他热量，也不是所谓利用"浅层地热能"。地源热泵从本质上、原理上讲是一种"废热利用"，地下岩土层含水层在地源热泵系统中起到一种"蓄热层"的作用。

图 6-3 为位于西藏自治区当雄县境内羊八井的地热发电站。羊八井海拔 4300m，其地热田地下深 200m，地热蒸汽温度高达 172℃。电站自 1977 年第一台机组投入运行，到 1986 年装机容量达 1.3 万 kW。由 5 眼地热井供水，单井产量为 75~160m^3/h，水温为 145~170℃。每年二、三季度水量丰富时靠水力发电，一、四季度靠水热发电，能源互补；图 6-4 为某大型地源热泵工程应用于居住建筑的地源热泵机房实景照片。

图 6-3 羊八井的地热发电站

图 6-4 某大型地源热泵工程机房

（三）生物质能在建筑中的应用

生物质能是蕴藏在生物质中的能量，是绿色植物通过叶绿素将太阳能转化为化学能贮存在生物质内部的能量。煤、石油和天然气等化石能源也是由生物质能转变而来的。生物质能是可再生能源，通常包括以下几个方面：一是木材及森林工业废弃物，二是农业废弃物；三是水生植物，四是油料植物，五是城市和工业有机废弃物，六是动物粪便。在世界能耗中，生物质能约占 14%，在不发达地区占 60% 以上。全世界约 25 亿人的生活能源的 90% 以上是生物质能。生物质能的优点是燃烧容易，污染少，灰分较低；缺点是热值及热效率低，体积大而不易运输，直接燃烧生物质的热效率仅为 10%~30%。目前世界各国正逐步采用这些方法利用生物质能：(1) 热化学转换法，获得木炭、焦油和可燃气体等品位高的能源产品，该方法又按其热加工的方法不同，分为高温干馏、热解、生物质液化等方法。(2) 生物化学转换法，主要指生物质在微生物发酵的作用下，生成沼气、酒精等能源产品。(3) 利用油料植物所产生的生物油。(4) 把生物质压制成成型状燃料（如块型、棒型燃料），以便集中利用和提高热效率。

生物质能一直是人类赖以生存的重要能源，它是仅次于煤炭、石油和天然气而居于世界能源消费总量第四位的能源，在整个能源系统中占有重要的地位。有关专家估计，生物质能极有可能成为未来可持续能源系统的组成部分，到下世纪中叶，采用新技术生产的各种生物质替代燃料将占全球总能耗的40%以上。图6-5为某生物质直燃发电的生产过程，图6-6为某沼气池的建设过程。

图6-5　某生物质直燃发电生产过程　　　　　图6-6　某沼气池的建设过程

事实上，开发利用生物质能对我国农村更具有特殊的意义。我国80%的人口生活在农村，秸秆和薪柴等生物质能是农村的主要生活燃料。尽管煤炭等商品能源在农村的使用迅速增加，但生物质能仍占有着重要的地位。1998年农村生活用能总量为3.65亿tce，其中秸秆和薪柴为2.07亿tce，占56.7%。因此发展现代生物质能技术，为农村地区提供生活和生产用能，是帮助这些地区脱贫致富，实现小康目标的一项重要任务，是我国农村建筑节能技术的主要方向之一。

（四）风能在建筑中的应用

风能就是空气的动能，是指风所负载的能量，风能的大小决定于风速和空气的密度。地球上和大气中，各处接收到的太阳辐射能和放出的长波辐射能是不同的，因此各处的温度不同，这就造成了气压的差别。大气便由气压高的地方向气压低的地方流动。水平方向的大气流动就是风，所以，风的能量是由太阳辐射能转化来的。

与常规能源相比，风力发电的最大问题是其不稳定性，解决这个问题可以采取的方式有：与大电网相连，采用大型蓄电装置，采用"风力-光伏"互补系统，采用"风力-柴油机"互补系统。以我国目前的情况，应用中可以考虑后三种方案。建筑上的风能利用一般采用小型或微型风力发电机，这类产品在我国已经有较为成熟的技术，目前主要供没有电网连接的偏远农村使用。而在我国城镇地区，很少能看到风力发电机的踪影，以现在的技术水平和人们观念的接受程度，风力发电机完全可以在都市能源利用中占有一席之地。在日本，近年来开发出的专用于写字楼、商店和家庭使用的"小型微风风力发电机"，正在向社会大力推广，只要有能使树叶摇动的微风（2m/s左右风速）就能使发电机工作。用于建筑的小型或微型风力发电机，风车高度3～5m，叶片直径2～4m，非常适合夜间建筑亮化、照明等用途。

2007年11月1日，中国可再生能源专委会、全球风能理事会和绿色和平组织三方共同发布了《中国风电发展报告 2007》(下简称《报告》)。《报告》指出,如果建立有效的支持和配套政策的话,中国完全可能成为全球风电开发的"领头羊"。

《报告》预测,仅依赖现有的政策,到 2020 年底,中国风电装机容量可以达到 5000 万 kW,相当于届时中国发电装机容量的 4%;而如果政策稍加完善的话,风电装机容量则可望达到 8000 万 kW,相当于届时发电装机容量的 7%。目前,中国政府公布的风电发展目标是到 2020 年达到 3000 万 kW。

图 6-7 为我国风能分布图,图 6-8 为我国已建及部分拟建风电场分布图,图 6-9 为位于内蒙古自治区西部乌兰察布盟境内的察哈尔右翼中旗,距呼和浩特市

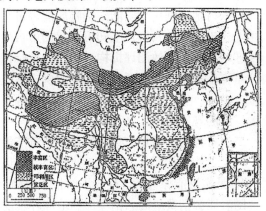

图 6-7 中国风能分布图

120km、总面积 300km² 的辉腾锡勒风电场。该风电场地处北方冷空气南下的主要通道上,风速大,持续时间长,风能资源十分丰富,具有建设百万千瓦级风电场的潜力,是国家规划的六大风电基地之一,也是我国目前最大的现役风电厂。

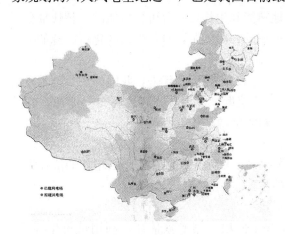

图 6-8 中国已建及部分拟建风电场分布图

图 6-9 内蒙古辉腾锡勒风电场

为促进我国太阳能光热及生物质能利用、浅层地源热泵技术和产品的发展,提高系统优化设计水平,使其与建筑紧密结合以尽快达到规模化应用,带动相关领域技术进步和产业发展,建设部与财政部 2006 年 8 月 25 日联合制定了《建设部、财政部关于推进可再生能源在建筑中应用的实施意见》(以下简称《意见》)。《意见》明确指出,国家将重点在八个技术领域中支持可再生能源的示范工程、技术集成及标准制定,并完善相应的政策激励机制。这八个技术领域包括:

①与建筑一体化的太阳能供应生活热水、采暖空调、光电转换、照明;
②地表水及地下水丰富地区利用淡水源热泵技术供热制冷;
③沿海地区利用海水源热泵技术供热制冷;

④利用土壤源热泵技术供热制冷；
⑤利用污水源热泵技术供热制冷；
⑥农村地区利用太阳能、生物质能等进行供热、炊事等；
⑦先进适用、具有自主知识产权的可再生能源建筑应用设备及产品的产业化；
⑧培育相关能效测评机构，建立能效标识、产品认证制度及建筑节能服务体系。

可再生能源的利用既是整个能源供应系统的有效补充手段，也是环境治理和生态保护的重要措施。发展可再生能源既是未来能源技术储备的战略需要，也是解决局部地区基本能源供应的现实选择。

二、可再生能源规模化应用对于建筑节能的意义

可再生能源规模化应用对于建筑节能有以下几方面的意义。

1. 是实现能源可持续性发展的根本保障

随着能源消费量的急剧增加和地球环境的日益恶化，人们对环境保护和能源有效利用的认识日益提高，节能和环保已成为建筑领域研究的首要问题之一。可再生能源具备清洁无污染、取之不尽、用之不竭的特点，利用可再生能源及提高能源的利用率，是降低能耗、减少污染的根本途径。同时，可以得到充分的经济效益，减少对常规能源的应用，保护生态环境以实现能源可持续发展。

2. 是建筑领域避免过度依赖常规能源的主要方向

在建筑中积极推广应用太阳能、风能、地热能和生物质能等可再生能源，替代部分煤炭、石油、天然气等一次化石能源和由其转换成的二次能源，对减少我国化石能源的消费量和优化我国的能源结构，具有重要意义。

在我国，太阳能建筑已在中国经历了几十年的发展，近几年来，我国的热泵技术发展得也非常快，地源热泵的安装应用以每年10%的速度稳步增长。随着可再生能源在建筑领域应用规模的扩大，将有效改变建筑对不可再生能源的过度依赖。

3. 是实现建筑节能目标的主要手段之一

利用可再生能源，是减少建筑的化石能源消耗、满足用户和居民不断增长的能耗需求的重要措施。因此，也就成为我国建筑节能的主要技术措施。

三、可再生能源建筑的应用障碍与应用前景

可再生能源在我国建筑中的应用还处于起步阶段。据专家估计，利用可再生能源，运行成本比常规能源通常节省10%～50%。然而，其前期投资比较高，以太阳能光伏电池为例，其每kW的造价大约是常规火力发电厂的10倍以上。我国目前还没有形成较为完整的支持可再生能源发展的政策体系，比如光伏电池发出电力还只能并网，不能"上网"，即不能通过大电网输送。根据我国现行法律，光伏发电只能限于自用，不能销售。

很多发达国家，例如欧美、日本等国，早已将发展可再生能源技术列入本国经济发展的战略目标，并由政府出台相关法律法规以保证政策的顺利实施。我国也出台了一些对可再生能源利用的鼓励政策。相信随着可再生能源法律法规的完善，可再生能源将会在我国建筑领域得到更加广泛地应用。

第二节 推进可再生能源在建筑领域应用的激励机制

一、建立激励机制的必要性

可再生能源在建筑中的应用必然会产生一定比例的增量成本。增量成本是短期决策时重要的成本概念,即强调决策的相关成本只限于与该决策有关联的成本项目,也称为某项决策带来的总成本的变化。这里的增量成本主要指的是应用可再生能源的初期投资与建造普通建筑在采暖、空调方面的投资相比增加的那部分成本。

可再生能源在建筑中的应用主要存在两个问题:一是可再生能源的应用存在正外部性,导致市场失灵,应用成本高于常规能源,如何使内部成本外部化,使得可再生能源的应用成本降低,能够被多数消费者接受是一个重要的问题;二是可再生能源的产业规模和市场规模都很小,这也影响到技术的发展和产品的广泛应用,如何扩大可再生能源的发展规模是一个重要的问题。成本高—市场规模小—形不成规模经济,这样就成了一个恶性循环,使得相关企业对可再生能源的市场发展前景缺乏信心,不愿增加投入。这两个问题相互作用,相互影响,构成了可再生能源产业发展缓慢的症结,如图6-10所示。

我国曾出台了一些鼓励可再生能源发展的政策,如税收优惠政策、财政贴息政策、研究开发政策等,但政策执行效果并不理想。一方面是由于国家对可再生能源发展的相关政策支持力度不够,需要进一步制定和完善激励政策;另一方面是由于所制定的政策未能形成体系"缺少相应的机制,特别是缺乏

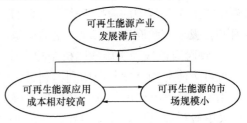

图6-10 可再生能源应用成本和市场规模

符合产业发展规律的激励机制。尽管我国已于2006年正式颁布、实施了《中华人民共和国可再生能源法》,但是关于可再生能源在建筑中的发展应用问题还需要做进一步的研究,应该根据具体的可再生能源在建筑中应用的实际情况做具体的分析,着手建立适合的激励机制,从而保障相关产业快速、健康的发展。

激励机制是通过一套理性化的制度来反映激励主体与激励客体相互作用的方式,建立激励机制的实质是对生产关系的调整。我国著名经济学家吴敬琏在《制度高于技术》中明确指出:推动技术发展的主要力量是有利于创新的制度安排。激励机制遵循了人性的原则,遵循了行为科学的原理。按照丹尼尔·W·布罗姆利的理论,任何一种制度的基本任务就是对个人行为形成一个激励,通过它,使每个人都受到鼓舞而去从事那些不但对他们个体有效,而且也对整个社会有效的活动。激励机制及相关政策是在市场经济条件下,政府通过实施宏观调控、解决市场失灵问题的有效手段。通过对可再生能源的激励机制的研究,有助于在经济激励政策的制定过程中形成政策体系,确保政策执行的良好效果。

在我国的可再生能源发展的过程中除了要解决前面提到的市场和成本问题,还要从宏观经济的健康运行、能源产业的可持续发展等方面考虑,调整能源的供给和需求结构,改善可再生能源产业的投资、融资环境。这些问题不可能依靠单一政策来解决,所以相关经济激励政策要具备多目标性,必须围绕核心目标建立起一系列相关的配套政策和机制。因此,应着力构建适合中国可再生能源发展特点的政策、机制。

二、激励机制的主体与客体

为了能够制定出切实可行的促进可再生能源在建筑中规模化应用的相关政策,必须全面考虑涉及可再生能源产业的利益相关方的关系。在可再生能源产业的范围内,所有利益相关方包括中央政府和各级地方政府、可再生能源系统的生产和安装服务企业、建筑开发商和用户。

(一)实施激励机制的主体

长期以来,政府在建筑领域中的传统角色是建筑标准的制定者和强制推行者,是建设项目的投资者和运营管理者。20 世纪 80 年代初期,我国经济体制改革刚刚起步,建设单位绝大部分是政府或国有企业,建设项目的产权也为国有。住宅的居住者只须向国家或企业支付低廉的租金即可享有住宅的居住权。这样,在建筑节能工作的起始阶段,建筑节能试点项目的投资主要是来源于于国家的财政拨款或企业投资,实际上都是由政府投资。由于建筑能耗费用与使用者的利益不直接相关,建筑的使用者缺乏节能的积极性,推广节能建筑缺乏动力,而政府既要担负建筑的运营维护成本,又要担负建筑能耗产生的环境成本,因此政府投资没有收益。随着我国住房制度改革的深化,促使政府从投资者和运营管理者的行列中自然退出,政府基本上只是起着标准制定和强制推行者的作用。但是,由于可再生能源在建筑中的应用会产生巨大的环境效益,不能等同于一般性的产业投资,中央政府和各级地方政府应该采取一定的措施,投入一定比例的资金实现外部成本的内部化。

1. 政府应该成为实施激励机制的主体

可再生能源的开发与应用利国利民,但由于存在外部性,市场在该领域进行资源配置的作用不能得到有效的发挥。从世界各国的经验来看,只有通过政策,并充分运用法律、行政及财政税收手段,才能引导、规范并促进可再生能源的发展。这就必须依靠政府的宏观调控与管理。

政府的责任在于为市场机制的良性运转创造良好的政策环境,因此其职能是进行宏观调控,进行基础设施建设,组织公共物品的供给。按照中央提出的政府的职能主要应该是"统筹规划,掌握政策,信息引导,组织协调,提供服务和检查监督",而促进可再生能源的发展正是政府承担公共事务管理职能的一个重要方面。

2. 政府能够成为实施激励机制的主体

只有政府能够从全局角度出发,制定出可再生能源发展的战略规划;只有政府能够建立并完善相关的法律、法规体系,形成可再生能源发展的法律保障;只有政府能够通过制定、实施相应的政策措施引导社会资金投资于可再生能源产业;只有政府能够拥有足够的资金、技术、管理等方面的资源推动可再生能源产业的快速发展。

(二)实施激励机制的客体

对于可再生能源产业,实施激励机制的客体应该包括可再生能源产品的生产环节和消费环节的相关群体。对生产环节的激励是为了增加可再生能源产品的市场供给,而尤为重要的是对消费环节的激励,只有需求侧相关群体有效地参与,改变用能方式,可再生能源系统得到认可和应用,产品的市场规模才能扩大。生产环节的激励客体主要是可再生能源系统的生产和安装服务企业,消费环节的激励客体则应包括房地产企业和建筑的业主。

1. 可再生能源系统的生产和安装服务企业

可再生能源的生产和服务企业应该成为激励的对象。

可再生能源系统在建筑中的应用才刚刚起步，其初投资高于普通的节能建筑，造成了其发展的成本障碍，导致其在市场上缺乏竞争力。另外，可再生能源在建筑中的应用技术是高新科学技术，属于国家鼓励、支持的领域，在当前国家鼓励节能减排和科技创新的双重背景下，可再生能源的生产和服务企业理应成为政府激励的对象。

可再生能源的生产和服务企业需要一定程度的激励。整个可再生能源产业都属于新生产业，投入大、风险高、投资回收期长，这大大加重了相关企业的负担，技术研发的积极性受到抑制，市场规模小和产品成本高的问题难以得到有效的解决。世界各国在可再生能源相关产业的最初发展阶段均采用了有效的政策措施促进产业发展，鼓励企业创新，扩大相关产品的市场规模。因此，我国应在政策、资金、技术研发等方面对可再生能源产业予以扶持。

2. 房地产企业

对房地产企业实施激励是十分必要的。当前，中国的房地产市场总体上依然是卖方市场，无论是建筑风格、结构类型，还是建筑材料和应用技术都由房地产企业主导，购房者没有太多的选择余地。对开发企业而言，在建筑中应用可再生能源必然要增加成本，这部分增量成本只能通过提高建筑的销售价格予以消化，并最终由购买者承担。目前，我国每年房屋开发量巨大，总趋势是供大于求，在此情况下，提高价格必然会降低购买者的需求，绝大多数开发商都持观望态度，不轻易使用任何增加房屋成本的技术和材料，因此，在建筑中应用可再生能源很难成为开发商的自觉行为。

2005年，建设部对411家房地产企业进行了建筑节能方面的问卷调查。调查结果显示，由于技术和项目管理运作水平的差异较大，建筑开发企业建造节能建筑的增量成本参差不齐，50%以上的企业对节能建筑的增量成本投入在100元/㎡以下，而应用可再生能源的增量成本一般都高于普通的节能建筑，因此，建立激励机制降低房地产企业的增量成本投入十分必要。房地产开发企业开发节能建筑的增量成本调查结果如图6-11所示。

可再生能源在建筑中的应用尚处于初级阶段，还未形成规模，建筑量较少。所以，应该首先促使房地产企业应用可再生能源，对其实施优惠政策进行激励，从建筑的销售价格上减少增量成本的影响。只有房地产企业建设可再生能源的项目，购房者才有购买、使用此类建筑的可能。

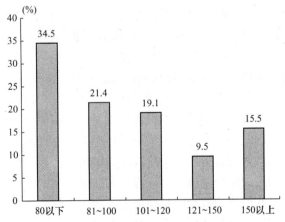

图6-11 房地产开发企业开发节能建筑的增量成本

当然，目前的住房价格成为社会普遍关注的焦点问题，对房地产企业的激励政策有可能成为其牟取暴利的理由，但是，只要加强政策实施环节的监管，就可以尽可能地避免"搭便车"现象的产生。只有当可再生能源在建筑中的应用得到大多数购房者的认同，形成买方市场的时候，购房者的需求才能得到开发企业的重视，此时更多地将激励政策实施在购买者身上，引导市场的作用会更大。

3. 业主

我国城镇住宅已基本完成房屋产权由公有向私有转化的过程，住户已成为业主。在影响购房者购买决策的各种因素中，销售价格与个人收入的比例是最重要的一个因素。目前，我国居民的整体收入水平不高，大部分居民的收入水平仍处于较低或中等阶段，有的还处于贫困阶段，但绝大部分居民对拥有一套属于自己的住房的意愿非常强烈。在此情况下，房屋的销售价格是影响居民购买应用可再生能源住宅的主要障碍，大部分人没有多承担 100~200 元/m² 的增量成本来购买这种住宅的意愿。

根据 2005 年一次针对建筑节能产品的消费意愿的调查可知，居民和公共建筑的业主对建筑节能产品消费的认同程度普遍偏低，如表 6-1 所示。

建筑节能产品消费者认同程度调查结果（%） 表 6-1

		建筑节能产品认同程度		
		较高	一般	低
居 民	严寒和寒冷地区	3.2	46.2	50.6
	夏热冬冷地区	2.8	53.6	43.6
	夏热冬暖地区	1.6	38.1	60.3
公共建筑业主（含政府办公楼）	严寒和寒冷地区	4.2	58.3	37.5
	夏热冬冷地区	4.8	64.3	30.9
	夏热冬暖地区	18.2	31.6	50.2

因此，将业主作为激励机制的客体并实施有效的激励措施有助于从需求端增加应用可再生能源的市场需求，这将对可再生能源产业的发展产生积极的影响。

三、目标机制和补偿机制

（一）目标机制

由激励理论可知，激励力度由激励的目标（或内容）与激励目标实现的可能性两个因素决定。即：激励（约束）力度＝激励（约束）目标×激励（约束）目标实现的可能性

因此，确定合理的发展目标是激励政策得以有效实施的前提。

建立目标机制就是要求国家以法律的形式对可再生能源发展的总量或者其在能源消费结构中所占的比例做出强制性的规定。这一目标可以是绝对量目标，也可以是相对量目标，无论提出何种形式的目标，其目的是给市场一个明确的信号，市场主体可以从中得到市场发展导向的信息。目标机制是政府引导和市场机制共同发挥作用的具体体现。

因此，政府部门可根据可再生能源开发利用的资源条件、经济承受能力、能源需求状况等多种因素提出一定阶段内的可再生能源在建筑领域的发展目标，以明确可再生能源开发利用的市场规模，引导投资和技术发展的方向。

在国家的节能中长期规划及"十一五"规划中已经明确了建筑节能工作的目标：要求到"十一五"期末，万元国内生产总值（按 2005 年价格计算）能耗下降到 0.98tce，比"十五"期末降低 20%左右，平均年节能率为 4.4%；国家十大节能工程中要求"十一五"期间建筑节能要达到 1.01 亿 tce。这些宏观的总量目标必须通过分解，落实到各个部门的具体工作中才能实现，可在此基础上进一步明确可再生能源在建筑领域规模化应用的具体目标。

（二）补偿机制

可再生能源受技术与成本的制约，其开发和利用的成本相对常规能源都较高，难以与常规能源竞争。尽管如此，但因为可再生能源属于清洁能源，具有常规能源无法比拟的巨大的环境效益，而这种环境效益是由全民共同享有的，因此，本着"谁受益，谁投资"的原则，作为全民利益的代表——国家应该对可再生能源的开发成本给予一定比例的补偿，中央政府和各级地方政府应该采取一定的措施，投入一定比例的资金实现外部成本的内部化。建立可再生能源的补偿机制是外部性理论解决可再生能源开发应用成本过高问题的直接体现。但是依靠传统的财政补贴已经不能满足可再生能源产业发展的巨大的投资需求，所以应建立科学的补偿机制。

国外针对利用可再生能源的补偿机制主要是通过征收"化石能源税"或电价附加费用等方式建立专项基金对可再生能源产业给予补贴。建立专项基金可以确保相关的激励政策有明确的资金来源和稳定的资金供应，可以保障政策的持续实施。而我国尚未建立专项基金对可再生能源给予补贴。

考虑到可再生能源在建筑领域规模化应用的实际问题，如果从公共利益基金或国家的可再生能源发展基金中提供补贴，一方面需要相关部门的协调与安排，资金周转的手续繁琐，另一方面也可能不是上述基金的重点支持领域。所以，比较现实的是在建筑节能领域采取适当的补贴措施，由国家和地方财政设立建筑节能专项资金用于支持建筑节能工作，作为可再生能源在建筑中应用的补贴资金的来源。或者扩大现有的"新型墙体材料专项基金"的使用范围，对使用可再生能源的建设项目除了予以免征外，再进行一定比例的增量成本补贴。而具体采用哪种方式更为方便、有效，还是需要进一步研究的问题。

补偿机制的建立是制定财政补贴、税收优惠等经济激励政策的基础，可以保障经济激励政策持续发挥作用，从而减少一定比例的增量成本，促进可再生能源市场规模的扩大。

第三节 我国可再生能源建筑应用的发展目标及规划

一、我国可再生能源发展现状及规划

（一）我国可再生能源利用现状

经过近20年的发展，我国利用可再生能源取得了较大的成绩，各类可再生能源增长迅速，产业建设初现规模。水电已成为电力工业的重要组成部分，户用沼气得到了大规模的推广应用，风电、光伏发电、太阳能热利用和生物质能高效利用也取得了明显进展。尤其是在2006年《可再生能源法》颁布实施后，我国利用可再生能源进入加速发展期。

2006年，我国可再生能源年利用量总计约2亿tce（不包括传统方式利用的生物质能），约占一次能源消费总量的8%，比2005年上升了0.5个百分点❶。水力发电年装机容量首次突破1000万kW，累计装机总容量达到12500万kW，占全部开发量的25%；风力发电2006年底吊装完成装机容量133.2万kW，比过去20年的总和还要多；太阳能光伏电池生产能力达到创纪录的30万kW，超过世界生产能力的10%；太阳能热水器生产能力达到1800万m²，累计使用量接近1亿m²，居世界第一位；生物质能开发利用，也

---

❶ 参见《中国可再生能源产业发展报告》（2006）。

有较大发展，其中户用沼气池达到1900多万口，大中型沼气设施2000多处，沼气使用量超过90亿 m^3。

（二）我国可再生能源发展规划

我国于2007年制定了《可再生能源中长期发展规划》，提出了到2020年我国可再生能源发展的指导思想、主要任务、发展目标、重点领域和保障措施。

到2020年我国可再生能源发展的总目标是：提高可再生能源在能源消费中的比重，解决偏远地区无电人口用电问题和农村生活燃料短缺的问题，推行有机废弃物的能源化利用，推进可再生能源技术的产业化发展。具体目标是：到2010年，可再生能源消费量占能源消费总量的比重达到10％，2020年达到15％，形成以自有知识产权为主的可再生能源技术装备能力，实现有机废弃物的能源化利用，基本消除有机废弃物造成的环境污染。

今后一段时期内，我国可再生能源发展的重点是水能、生物质能、风能和太阳能。在利用形式上以可再生能源发电为主，重点加快可再生能源电力建设步伐，到2010年建成水电1.9亿 kW、风电500万 kW、生物质发电550万 kW、太阳能发电30万 kW，到2020年达到水电3亿 kW、风电3000万 kW、生物质发电3000万 kW、太阳能发电180万 kW。积极鼓励太阳能热利用技术的应用。到2010年建成太阳能热水器面积1.5亿 m^2，2020年扩大到3亿 m^2。继续推广户用沼气和畜禽养殖场沼气工程，加快生物质成型燃料的推广应用。到2010年，实现沼气年利用量达到190亿 m^3、生物质成型燃料100万 t，2020年分别达到440亿 m^3、5000万 t。积极发展非粮生物液体燃料，到2010年形成年替代200万 t石油的能力，2020年发展到1000万 t石油替代能力。表6-2是我国各领域可再生能源发展的现状及目标。

我国各领域可再生能源发展现状及目标　　　　　表6-2

领域	2006年发展现状	2010年发展目标	2020年发展目标
水电	水力发电年装机容量首次突破1000万 kW，累计装机总容量达到1.25亿 kW	全国水电装机容量达到1.9亿 kW，其中大中型水电1.4亿 kW，小水电5000万 kW	全国水电装机容量达到3亿 kW，其中大中型水电2.25亿 kW，小水电7500万 kW
生物质能	户用沼气池达到1900多万口，大中型沼气设施2000多处，沼气使用量超过90亿 m^3	生物质发电总装机容量达到550万 kW，生物质固体成型燃料年利用量达到100万 t，沼气年利用量达到190亿 m^3，增加非粮原料燃料乙醇年利用量200万 t，生物柴油年利用量达到20万 t	生物质发电总装机容量达到3000万 kW，生物质固体成型燃料年利用量达到5000万 t，沼气年利用量达到440亿 m^3，生物燃料乙醇年利用量达到1000万 t，生物柴油年利用量达到200万 t
风电	吊装完成装机容量133.2万 kW	全国风电总装机容量达到500万 kW	全国风电总装机容量达到3000万 kW
太阳能	全国太阳能热水器总集热面积接近1亿 m^2	太阳能发电总容量达到30万 kW；全国太阳能热水器总集热面积达到1.5亿 m^2，加上其他太阳能热利用，年替代能源量达到3000万 tce	太阳能发电总容量达到180万 kW；全国太阳能热水器总集热面积达到约3亿 m^2，加上其他太阳能热利用，年替代能源量达到6000万 tce
地热能		地热能年利用量达到400万 tce	地热能年利用量达到1200万 tce
海洋能			建成潮汐电站10万 kW

注：来自于《可再生能源中长期发展规划》。

二、世界可再生能源建筑应用发展趋势

20世纪70年代石油危机后,世界许多国家开始广泛关注能源问题,纷纷制定激励政策,支持发展可再生能源。太阳能、地热能等可再生能源建筑应用技术在近几十年中也取得了较快的发展,并呈现出如下特点。

(一)并网光伏发电技术发展迅猛

2000年以来,世界上增长最快的能源技术就是光伏并网发电,其装机容量已从2000年初始时的0.16GW增至2004年末的1.8GW,五年间年平均增长率达到60%,是增速排名第二的风力发电技术的二倍(见图6-12)❶。光伏发电主要应用于居住建筑中,在展览中心、地铁站、大学等公共建筑上也有所应用,图6-13为光伏发电应用于公共建筑的案例。并网光伏装机主要集中于德国、日本和美国,这主要得益于三个国家实施的并网太阳能屋顶项目及其扶持政策。截至2005年,在这三个国家有超过60万户家庭安装了光伏发电装置(见表6-3)❷。

2005年并网太阳能屋顶项目❸   表6-3

项目/年份	总量(MW)	户用总量(户)	扶 持 政 策
日本住宅项目 (1994~2004年)	830 (截至2004年底)	250000	"阳光"项目资金补贴,1994年出台时为50%,到2003年降到10%
日本其他项目和私人项目	610	70000	日本新能源和产业技术开发组织(NEDO)研发项目、商业安装、地方政府安装和无补贴的住宅安装
德国 (1999~2003、2004年)	1500	250000	10万屋顶计划,提供低利率贷款,2003年之前上网价格为0.50欧元/kWh。2004年价格为0.45~0.62欧元/kWh
加利福尼亚州项目 (1998~2011年)	140	30000	最初州级项目补贴为4.50美元/W(交流),到2005年降为2.80美元/W(交流)。
美国其他项目	100	20000	

(二)太阳能热水/供暖技术应用日益广泛

太阳能热水器是商业化程度最高的可再生能源技术,应用面积日益广泛。截至2005年,全球太阳能热水器系统安装总容量达到88GWh,为全球近4000万家庭提供热水。我国是世界上最大的太阳能热水器生产国和消费国,2005年我国太阳能热水器安装容量占全球安装总量的63.1%,欧盟占12.7%,紧随其后的是土耳其6.5%,日本6%,见图6-14)。

太阳能建筑一体化供暖技术是未来的发展趋势,已经在一些国家开始发展。在瑞典和澳大利亚,每年安装的集热器有超过50%的面积为热水/供暖组合系统。在德国,组合系统的份额为年安装总量的25%~30%。我国也有不到5%的系统同时提供热水和采暖。

---

❶ 全球可再生能源状况报告(2005). http://www.ren21.net/pdf/RE2005_Global_Status_Report.pdf.
❷ 全球可再生能源发展报告(2006年修订版). http://www.ren21.net/pdf/RE_GDR_2006_Update_CH.pdf.
❸ Renewable 2005 Global Status Report www.ren21.net.

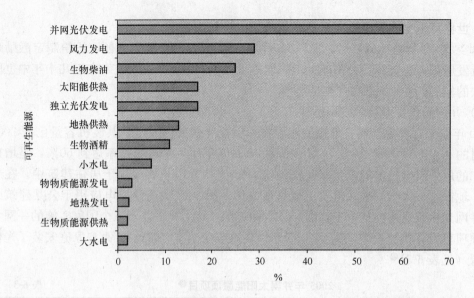

图 6-12　2000～2004 年世界各类可再生能源技术增长速度比较❶

图 6-13　日本三洋太阳能电池科学馆

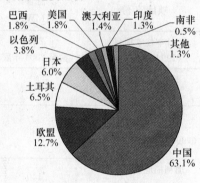

图 6-14　2005 年太阳能热水器/供暖总容量❷

（三）地热能供电采暖技术稳步发展

地热能用于供电采暖也有一个世纪的历史。截至 2004 年底至少有 76 个国家使用地热取暖，24 个国家使用地热发电。在 2000～2004 年间，地热发电容量增长超过 1GW，主要集中在法国、冰岛、印度尼西亚、肯尼亚、墨西哥、菲律宾和俄罗斯。在发达国家中，地热发电主要集中于意大利、日本、新西兰和美国。

从 2000 年至 2005 年，利用地热直接取暖总量大约翻了两番，共增长 13GWh。冰岛在地热直接取暖方面处于领先地位，地热满足了其 85% 的建筑采暖需求。自 2000 年，土耳其在地热直接取暖方面增长了约 50%，现已能满足约 70000 户家庭的采暖需求。现有的地热采暖设备约有 50% 为地源热泵，主要用于建筑供暖、制冷。现有近 200 万个热泵应用于 30 多个国家，主要为欧洲和美国。

---

❶ Renewable Global Status Report 2005 update，www.ren21.net.
❷ Renewable Global Status Report 2006 update，www.ren21.net.

三、我国可再生能源建筑应用发展规划

我国《可再生能源中长期发展规划》对太阳能、地热能等可再生能源在建筑领域的应用提出了相应的发展目标。

光伏发电方面，参照国际经验，开展我国的太阳能屋顶计划。发展思路是：在经济较发达、现代化水平较高的大中城市，建设与建筑物一体化的屋顶太阳能并网光伏发电设施，首先在公益性建筑物上应用，然后逐渐推广到其他建筑物，同时在道路、公园、车站等公共设施照明中推广使用光伏电源。"十一五"时期，重点在北京、上海、江苏、广东、山东等地区开展城市建筑屋顶光伏发电试点。到2010年，全国建成1000个屋顶光伏发电项目，总容量5万kW。到2020年，全国建成2万个屋顶光伏发电项目，总容量100万kW。

太阳能光热利用技术将分别在城市和农村进行重点推广，在城市推广普及太阳能一体化建筑、太阳能集中供热水工程，并建设太阳能采暖和制冷示范工程。在农村和小城镇推广户用太阳能热水器、太阳房和太阳灶。到2010年，全国太阳能热水器总集热面积将达到1.5亿m^2，加上其他太阳能热利用，年替代能源量达到3000万tce。到2020年，全国太阳能热水器总集热面积达到约3亿m^2，加上其他太阳能热利用，年替代能源量达到6000万tce。

浅层地热能利用方面，提出合理利用地热资源，推广满足环境保护和水资源保护要求的地热供暖、供热水和地源热泵技术，在夏热冬冷地区大力发展地源热泵，满足冬季供热需要。在具有高温地热资源的地区发展地热发电，研究开发深层地热发电技术。在长江流域和沿海地区发展地表水、地下水、土壤等浅层地热能进行建筑采暖、空调和生活热水供应。到2010年，地热能年利用量达到400万tce，到2020年，地热能年利用量达到1200万tce。

四、可再生能源建筑应用发展保障措施

可再生能源建筑应用发展规划目标的实现，需要相应政策作保障。我国可再生能源建筑应用发展政策保障措施包括法律保障、资金支持、研发投入、示范推广等几个方面。

（一）法律保障

法律保障对可再生能源发展至关重要。世界上许多国家都制定了促进可再生能源发展的法律、法规和法令，这方面典型的有欧盟关于促进可再生能源发电的2001/77/EC法规、美国的新能源方案（EPACT，2005）、德国的《可再生能源法》。

我国于2006年1月1日正式施行了《可再生能源法》，这标志着我国可再生能源发展步入法制化、制度化轨道。《可再生能源法》中规定：国家财政设立可再生能源发展专项资金，用于支持可再生能源开发利用的科学技术研究、标准制定和示范工程；对列入国家可再生能源产业发展指导目录、符合信贷条件的可再生能源开发利用项目，金融机构可以提供有财政贴息的优惠贷款；国家对列入可再生能源产业发展指导目录的项目给予税收优惠。并在第十七条中明确提出：国家鼓励单位和个人安装和使用太阳能热水系统、太阳能供热采暖和制冷系统、太阳能光伏发电系统等太阳能利用系统。同时要求房地产开发企业根据规定的技术规范，在建筑物的设计和施工中，为太阳能利用提供必备的条件。

我国另一部与可再生能源建筑应用相关的法律——《民用建筑节能条例》中涉及可再生能源建筑应用的有两条，分别为：

第四条 国家鼓励和扶持在新建建筑和既有建筑节能改造中采用太阳能、地热能等可再生能源。对具备太阳能利用条件的地区，有关地方人民政府及其部门应当采取有效措施，鼓励单位、个人安装和使用太阳能热水系统、供热系统、制冷系统等太阳能利用

系统。

第二十条 对具备可再生能源利用条件的建筑，建设单位应当选择合适的可再生能源，用于采暖、制冷、照明和热水供应等方面。建设可再生能源利用设施，应当与建筑主体工程同步设计、同步施工、同步验收。

（二）资金支持

初期投资大，是可再生能源与传统能源竞争的重要障碍之一。在可再生能源发展初期，国家财政给予资金支持显得尤为重要。

2006年，根据《可再生能源法》的有关规定，财政部制定了《可再生能源发展专项资金管理暂行办法》，明确将通过无偿资助、贷款贴息等方式，支持可再生能源开发利用的科学研究、标准制定和示范工程等。2006年9月，财政部和建设部联合印发了《可再生能源建筑应用专项资金管理暂行办法》（以下简称《办法》），旨在通过经济手段来激励可再生能源在建筑中应用。《办法》规定：财政部、建设部根据示范工程的增量成本、技术先进程度、市场价格波动等因素，确定每年的不同示范技术类型的单位建筑面积补贴额度；对可再生能源建筑应用共性关键技术及成绩示范推广、能效检测、标识、技术规范标准验证及完善等项目，根据经批准的项目经费金额给予全额补助。

（三）研发投入

目前，我国可再生能源建筑一体化应用的许多关键技术仍处于发展的初期，与发达国家相比，技术工艺相对落后、生产企业规模小，一些原材料和产品国产化程度低。这些原因加大了产品的生产成本，与常规能源相比还不具备竞争能力。因此，迫切需要加强技术研发，提高可再生能源建筑应用技术的水平。

我国非常重视可再生能源技术的研发，如国务院于2006年印发的《国家中长期科学和技术发展规划纲要（2006～2020年）》在城镇化与城市发展领域，将建筑节能与绿色建筑列为优先主题，并将可再生能源装置与建筑一体化应用技术作为重点内容；而将"可再生能源低成本规模化开发利用"列入能源领域的优先主题，重点研究太阳能建筑一体化技术；在基础研究领域中，将"可再生能源规模化利用原理和新途径"作为"面向国家重大战略需求的基础研究"的重点研究内容。

（四）示范推广

开展示范项目，是新技术推广的有效方式，我国在推广可再生能源在建筑中规模化应用方面也采取了这种方式。2006年，我国开展了可再生能源建筑应用示范工程，旨在通过项目示范，带动产业发展，提高市场供给能力；使更多的消费者、开发商了解新技术，培育消费群体；制定相应的技术规范等，为今后推广摸索经验。2007年6月，国务院印发了《节能减排综合性工作方案》，进一步明确，2007年要启动200个可再生能源在建筑中规模化应用示范推广项目。

从2006、2007年这两年的实施情况看，示范工程已经取得初步成效，带动了地方政府的积极性，提高了消费者对可再生能源建筑应用的认知度，制定完善了地方技术规范，并初步激活了市场。图6-15为我国可再生能源建筑应用示范项目之一的威海市民文化活动中心。

图 6-15　可再生能源建筑应用示范项目：威海市民文化活动中心❶

参 考 文 献

[1] 吴敬琏. 制度高于技术[J]. 2001.
[2] 丹尼尔·W·布罗姆利. 经济利益与经济制度——公共政策的理论基础[M]. 陈郁等译. 上海：上海人民出版社，2006.
[3] 任东明，曹静. 论中国可再生能源发展机制[J]. 中国人口·资源与环境. 2003.
[4] Jing Liang, Baizhan Li, Yong Wu, Runming Yao. An investigation of the existing situation and trends in building energy efficiency management in China[J]. Energy & Building, 2007.

---

❶ 威海市民文化活动中心，总建筑面积 63314.39m^2，综合利用太阳能光电和光热两大系统。其中 15000m^2 的屋顶将建成 900kWp 光伏并网系统，发电功率约占本建筑物总用电量的 20% 左右，年并网发电量预计可达 135 万 kWh，约占建筑全年用电量的 18.2%。

第七章 建筑节能服务体系

第一节 建筑节能服务体系概述

建筑节能服务,是指建筑节能服务提供者为业主的建筑采暖、空调、照明、电气等用能设施提供检测、设计、融资、改造、运行、管理等方面的节能活动,是以降低建筑能耗,提高用能效率为目的的。建筑节能服务体系是指包括建筑节能服务消费者、建筑节能服务机构、建筑节能从业者、建筑节能服务市场、建筑节能服务市场的管理机构以及建筑节能服务相关法律和规范等以降低建筑能耗水平为目标的建筑节能服务主体和对象的总和。建筑节能服务体系是实现我国建设资源节约型、环境友好型社会战略目标的重要手段;是充分开发利用社会资源,发挥市场作用,实现建筑节能目标,全面推进建筑节能工作的必要途径;是统筹规划、合理布局,提高建筑节能工作宏观决策水平和决策科学性的重要支撑;是提高行政效率,降低行政成本,切实转变政府职能,满足社会各方的服务需求,建立服务型政府的积极探索。建立建筑节能服务体系对推进建筑节能工作具有重要意义。

一、建筑节能服务市场机制是推动建筑节能事业的重要机制

据有关统计资料显示,2004 年我国建筑能耗量约 3.4 亿 tce。因此,全面推进建筑节能工作,尽快对既有建筑实施节能改造,实现建筑领域的可持续发展,势在必行。其中公共建筑节能改造是我国既有建筑节能改造的重中之重。

我国公共建筑的耗能特点是整体偏高。有资料显示,大型公共建筑单位建筑面积能耗是普通居住建筑的三倍左右,例如北京市此类建筑共五百三十座,虽仅占全市总建筑面积的 5.4%,但其电耗却接近全市住宅的总电耗,单位面积能耗是普通居住建筑的 3.3 倍。而面积接近、档次相同的大型公共建筑(如商场)的单位用电量相差也很大,能耗最高者比平均水平高出 50%。有的大型公共建筑的单位面积耗电量比最低者高出三倍以上。从中可以看出,面积、档次接近的建筑,单位能耗水平相差很大,大型公共建筑存在很大的节能潜力。

建筑节能服务市场可提供的一项服务是建筑能效审计。通过建筑能效审计,找出既有建筑高能耗的原因所在,并提出改造目标,结合改造的成本收益分析,为实施节能改造提供重要的依据,是推动既有建筑节能改造的重要手段。在我国建筑节能市场发育缓慢、各方进行建筑节能改造积极性不高的情况下,能效审计是促使建筑业主进行节能改造的一个强有力的手段。

通过专业人员对公共建筑进行能效审计,并提出利用能源的优化方案,具有其他改造手段所无法比拟的优势。根据美国 Oak Ridge 国家实验室(ORNL)对美国 2002 年能源项目完成情况的评估报告(2005 年 6 月),每年能效审计对节能量的贡献率为 15.9%,仅次于培训和专题讨论、法案和标准对节能量的贡献率(二者对节能量的贡献率分别为 22.1%、19.8%),居第三位。

1. 建立建筑节能服务市场可为既有建筑节能改造提供新的融资渠道

既有建筑节能改造中的一个难点是改造的资金来源。专业化的节能服务公司如果能够得到政府部门的支持和金融机构的参与,就可以解决节能改造所需要的前期投入,再从节能收益中得到回报。

2. 建立建筑节能服务市场可为新建建筑提供全过程的节能服务

专业化的节能服务公司可为业主提供从设计、材料选用、结构体系选择到选择适合当地的施工技术、运营管理的全过程节能方案,当前很多商业建筑业主非常希望得到这类服务。

二、建立建筑节能服务市场可为长期的建筑节能工作提供技术支撑

随着经济的高速增长,我国建筑规模巨大,且发展势头还将持续一段历史时期,建筑节能是近二十年才提出的问题。建筑行业中,以结构安全性为核心的建筑质量监督检验制度是健全的,从国家到地方的各级质监站在建筑的建造过程和竣工验收阶段对建筑质量实施控制和监督检验。但是,与建筑节能相关的节能效果检查和质量控制等内容并未纳入现行的建筑工程质量监督检验体系。因此,培育和规范建筑节能服务体系,可以建立起全面的建筑节能性能质量检测标准,保证建筑节能的产业升级,促进建筑整体质量的提升,并为今后长期开展建筑节能工作提供一个强有力的技术支撑。

三、培育和规范建筑节能服务体系有利于政府利用市场机制对建筑节能服务实现监管和激励

我国建筑节能工作量大面广,以往缺乏较准确的建筑能耗统计数据。通过培育和规范建筑节能服务体系,可以掌握建筑用能方面的实际状况和数据,判断建筑节能措施和技术产生的节能效果,实现对节能工作的奖优罚劣。从而为政府科学决策提供依据,保证政府对建筑节能的投入产生切实的节能效果,保证建筑节能政策在实际工程中有效的执行。

四、培育和规范建筑节能服务体系有利于实现建筑节能服务市场的有序竞争

建筑节能服务涉及我国 400 亿平方米既有建筑和每年近 20 亿平方米建筑面积的城乡新建建筑节能的具体效果,和广大消费者的利益息息相关。培育和规范建筑节能服务体系可以防止从事建筑节能服务的机构以降低服务水平为代价的不正当的市场竞争,规范从事建筑节能服务机构的市场运作。因此,从规范建筑节能服务市场,维护建筑业主和公众利益的角度,培育和规范建筑节能服务体系十分必要。

综上所述,建立健全我国的建筑节能服务体系已势在必行。

第二节　国内外建筑节能服务体系发展现状

一、国外建筑节能服务发展现状

世界各国政府在 20 世纪 70 年代石油危机之后都已认识到能源问题的严峻性,普遍把建筑节能作为国家的基本政策。政府通过颁布节能标准和法令、推行节能标识、提供节能补贴或税收优惠、节能宣传等方式,形成建筑节能的法制和经济环境。建筑业主为执行节能标准和法令,需要寻求节能服务,以提高建筑能源利用效率,降低能源费用支出。由此,创造了庞大的建筑节能服务市场。实施建筑节能服务的机构一般为能源服务公司(ESCO 是 Energy Service Company 的缩写),采用合同能源管理模式(EPC 是 Energy

Performance Contracting 的缩写；国内也称 EMC 为 Energy Management Contract 的缩写）运作，依靠专业化的服务，帮助建筑业主实现节能目标，分享建筑节能的收益。

国外发达国家的建筑节能服务行业大多体现为：在政府监管下，不同的建筑节能服务公司对客户开展各式各样的建筑节能服务工作。以下从建筑节能服务行业的形成、政府对建筑节能服务的管理、建筑节能服务行业结构三个方面，对国外现行的建筑节能服务体系进行简要介绍。

（一）建筑节能服务行业的形成

在国外，建筑节能服务的实施机构一般为能源服务公司。能源服务公司实施节能的机制通常称为"合同能源管理"，这种节能机制起源于20世纪70年代发达国家的"能源危机"之后。能源危机的冲击使发达国家认识到，靠传统的高消耗与大规模生产维持经济高速增长的局面，是不可持续的。因而发达国家不断地寻找新的发展机制、开发节能技术。合同能源管理机制就是在这样的背景下发展起来的。合同能源管理是一种基于市场的节能机制，并在此基础上形成了专业的"节能服务公司"。

各国建筑节能服务行业的形成都是建立在政府相关政策支持的基础上的，而且都是以政府建筑率先实施合同能源管理机制下的节能改造，政府还为支持 ESCO 提供了节能补助和融资政策的扶持。

（二）政府对建筑节能服务的政策引导和管理

大部分国外政府都为开展建筑节能服务工作成立了专门的管理机构和服务机构。

国外建筑节能管理机构大多从激励政策、税收政策、节能基金、节能标准、标识认证体系和节能宣传等几方面开展建筑节能服务工作：通过制定各种激励政策和税收政策，扶持建筑节能服务公司的发展；采用财政补贴和节能基金的方式，协助建筑节能服务公司的融资；通过建立建筑节能标准、建筑能耗标识制度和能源审计制度，规范建筑节能服务市场；通过财政拨款进行节能宣传。

建筑节能服务机构的主要职能是通过从事建筑节能项目，为政府制定建筑节能政策提供技术支持，协助政府管理部门监督建筑节能服务市场。政府成立这些服务机构，一方面通过对建筑节能服务公司的项目进行审核和验收来协助政府实现对建筑节能服务市场的监管；一方面通过提供节能服务相关信息扶持建筑节能服务公司的发展；并通过研究建筑节能服务相关的技术、制度和政策，为市场提供技术支持。

（三）建筑节能服务行业结构

1. 能源服务公司的经营运作流程

国外建筑节能服务的实施机构一般为能源服务公司。ESCO 一般通过以下步骤向客户提供综合性的节能服务：

1) 能效审计。ESCO 针对客户的具体情况，评价各种节能措施，测定业主当前用能量，提出节能潜力的所在，并对各种可供选择的节能措施的节能量进行预测。

2) 节能改造方案设计。根据能效审计的结果，ESCO 针对客户的能源系统提出如何利用成熟的技术来提高能源利用效率、降低能源成本的整体方案和建议。

3) 能源管理合同的谈判与签署。在能效审计和改造方案设计的基础上，ESCO 与客户进行节能服务合同的谈判。在某些情况下，如果客户不同意签订能源管理合同，则ESCO 将向客户收取能效审计和项目设计费用。

4）材料和设备采购。ESCO根据项目设计负责原材料和设备的采购，其费用由ESCO支付。

5）施工。

6）运行、保养和维护。在完成设备安装和调试后即进入试运行阶段。

7）节能及效益保证。ESCO与客户共同监测和确认节能项目在合同期内的节能效果，以确认在合同中由ESCO方面提供项目的节能量保证。

8）ESCO与客户分享节能效益，服务流程图见图7-1。

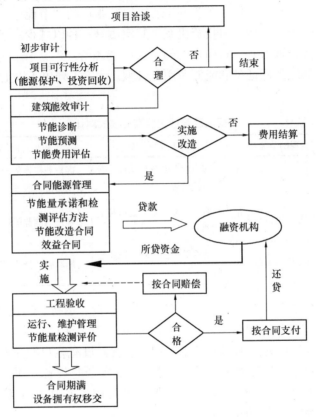

图7-1 建筑节能服务公司经营运作流程设计图

2. 能源服务公司的分类

能源服务公司可以分为三类：独立的能源服务公司，附属于节能设备制造商的能源服务公司，附属于公用事业公司的能源服务公司。

（1）独立的能源服务公司

美国最早出现的ESCO都是独立的。ESCO的服务范围比较广泛，有学校、医院、商业建筑、公共服务设施、政府机关、居民和工厂企业。这些公司的业务随市场需求的变化而调整，也常常有自己独特的专业优势。

（2）附属于节能设备制造商的能源服务公司

一些节能设备制造商注意到，通过ESCO的服务可以推销他们所生产的设备，因此，这些ESCO以自己所生产的设备，组合各种成熟技术，打开节能服务市场。

（3）附属于公用事业公司的能源服务公司

附属于公用事业公司（电力公司/天然气公司/自来水公司）的节能服务公司。因为ESCO及其客户所获得的节电收益实际上就是电力公司的收益的减少，节电会减少电力公司的电力销售量，因此许多电力公司开办了附属的ESCO。附属于电力公司的ESCO不仅能弥补因节电而引起的电力公司的销售损失，而且可以通过ESCO的服务，提高供电质量，改善电力公司在电力供应市场中的竞争地位。因为在所有发达国家，都实行了电力生产和供应体系的改革，电力公司并不具备垄断地位，市场竞争十分激烈。

3. 能源服务公司的运作模式

能源服务公司是基于"合同能源管理"运作的专业化的"节能服务公司"。"合同能源管理"是一种基于市场的节能项目投资机制，其实质是一种以减少的能源费用来支付节能项目全部成本的节能投资方式。目前常见的"合同能源管理"运作模式有三种基本类型：节能效益分享型、节能量保证型和能源费用托管型。表7-1列出了以上几种主要商业模式的对比。

合同能源管理主要商业模式对比　　　　　　　　　　　　　　　　表7-1

合同类型	合同未实现的节能量	合同实现的节能量	超出合同约定的部分节能量
保证节能量合同	由能源服务公司付给客户	客户获益并支付该部分费用给能源服务公司	客户获得该部分节能量，并支付该部分费用给能源服务公司（应包括超额奖励）
节能效益分享合同	由能源服务公司付给客户	客户与能源服务公司共享该部分收益	客户与能源服务公司共享该部分收益
项目融资合同	由能源服务公司承担损失	能源服务公司获得该部分收益	能源服务公司获得该部分收益

除了ESCO的效益分享合同以外，还有BOT（建设、运行、转让）、BOO（建设、运行、拥有）和BLT（建设、租借、转让）三种形式。对ESCO而言，前两种形式投资的风险较小，项目建成后，完全由ESCO来运行、经营，没有客户的介入，ESCO通过投资和项目的经营获得效益。第三种项目运营的方式，其实质是设备（项目）租赁。目前，私人公司开发的风电项目大多采用BOO，热电联产项目较多采用BOT和BLT形式。

二、发达国家经验对我国的启示

通过对发达国家推进建筑节能的措施的了解，可借鉴的经验有以下几个方面。

（一）不可忽视政府在建筑节能服务市场培育中的主导作用

不能单纯依靠市场的自由选择实现节能服务的产业化。健全的法律法规是建筑节能服务市场健康、持续、规范产生和发展的重要保障，这包括为ESCO的成长创造的法律环境，实施合同能源管理模式运作所需要的法律保证，编制合同能源管理标准文本，规范市场主体所需要的法律手段，以及为适应节能服务市场发展的需要而修订相关的法律法规、制度和管理办法等。

（二）健全的建筑节能体制和完善的市场体系是推进建筑节能服务的必要保障

应创新管理体制，整合管理资源，提高管理水平，在服务中实施管理，在管理中体现服务，为各相关主体提供全面的服务。建立政府与各类社会组织分工协作的社会管理机制，大力发展和规范管理行业组织、市场中介组织和建筑节能服务机构等，充分发挥他们在提供服务、反映诉求、规范行为、协调利益、化解矛盾等方面的作用。设立专门的各级建筑节能管理机构，主要负责制定建筑节能的战略、政策和法规，节能宣传、管理政府对节能投资的资金。设立专门的建筑节能服务机构，为政府制定建筑节能政策提供技术支持、协助政府管理部门监督建筑节能服务市场。形成完善的市场体系，保证建筑节能服务的各种活动的顺利实施。

（三）通过激励政策促进更多企业向建筑节能服务行业投资

通过政府加大公共财政的投入或设立节能专项基金，支持建筑节能的技术研发、工程示范、宣传培训等。通过税收优惠、低息贷款或贷款贴息等手段激励建筑节能的各利益主体，有效推动节能工作的开展。

（四）发挥政府的建筑节能工程的先导和示范作用

成立兼有政策研究和项目示范双重功能的能源服务公司，为政府制定节能政策提供咨询服务和技术支持，拉动市场需求，在市场开拓、技术开发、项目融资、风险管理、运行机制等方面为私人公司做出示范。

（五）完善节能服务的技术支撑

其中最重要的是节能量的测评方法和节能改造的后评估技术。要提高建筑节能的科研能力和水平，为建筑节能服务产业发展解决技术瓶颈。做好节能技术和产品的推广转化工作，形成建筑节能的自主知识产权体系；完善建筑节能标准体系，促进建筑节能技术的市场化和产业化发展。

（六）完善的金融体系是ESCO发展的必要条件

应不断创新我国的金融机制，制定建筑节能金融政策，为建筑节能服务企业的融资提供更多的渠道和方式，以政策性资金投放带动商业性资金的流入，逐步形成建筑节能的有效的资本形成机制。

（七）建筑节能的宣传教育工作是开展建筑节能工作最基本的措施。通过加强宣传力度，提高各相关主体的建筑节能意识，开展教育培训工作，加强建筑节能专业队伍的能力建设。

第三节　我国建筑节能服务的发展现状与实践

一、我国建筑节能服务体系现状

（一）节能服务的发展现状

1998年，原国家经贸委利用世界银行的贷款和全球环境基金的赠款实施了"国家经贸委/世界银行/全球环境基金中国节能促进项目"。这一项目的实施，带来了良好的节能和环境效益，形成节能能力135万tce/a，项目寿命期内的节能总量为1411.3万tce。

2006年3月，我国节能服务产业委员会（EMCA）开展的"中国ESCO发展现状调查"分析结果表明，会员中以合同能源管理机制实施节能项目的ESCO逐年快速增加。2006年底已发展到212家，节能服务产业队伍显现出快速增长的态势。

世界银行/全球环境基金中国节能促进项目办公室委托开展的"中国非EMCA会员节能服务企业节能减排量统计"的结果表明，目前中国非EMCA会员的节能企业已经有353家左右，其中做过节能项目的企业有226家，基于"合同能源管理"机制实施过节能项目的企业共69家。国内节能服务行业目前的发展和现状统计见图7-2。

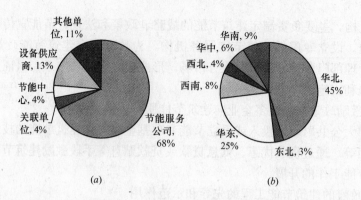

图 7-2　国内节能服务行业分布
(a) 行业结构分布；(b) 地区分布

2006年，节能服务产业总产值（含非EMCA会员单位）达到82.55亿元，综合节能投资达到63.3亿元。总计实现620万tce年节能能力和400万吨CO_2的减排能力（见图7-3和图7-4）。

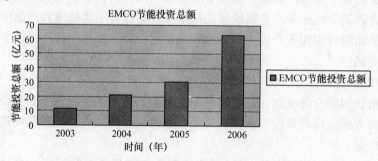

图 7-3　EMCO逐年节能投资总额示意图

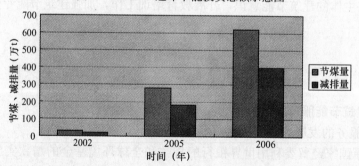

图 7-4　节煤、减排量示意图

（二）我国建筑节能服务发展的基础条件

我国建筑节能工作开展了十多年，在政策方面、法规制度方面、技术标准体系方面、创新方面都取得了阶段性的成果。

1. 国家政策的不断完善为建筑节能服务的发展创造了良好的政策环境

（1）建筑节能相关的规划、指导性文件

在节能工作的总体规划方面，国家陆续出台了《节能中长期专项规划》、《中华人民共和国国民经济和社会发展的第十一个五年规划纲要》、《国务院关于印发节能减排综合性工作方案的通知》、《建设部关于落实〈国务院关于印发节能减排综合性工作方案的通知〉的实施方案》、《建设部建筑节能"十五"计划纲要》、《建设部关于贯彻国务院关于加强节能工作的决定的实施意见》等一系列的规划性文件，为中国建筑节能工作的发展提出了目标、任务和方向。

在规范和促进节能服务发展方面，国家及各有关部委陆续出台了：《国务院关于做好建设节约型社会近期重点工作的通知》、《国务院关于加快发展循环经济的若干意见》、《国务院办公厅关于进一步推进墙体材料革新和推广节能建筑的通知》、《建设部关于发展节能省地型住宅和公共建筑的指导意见》、《建设部关于建设领域资源节约今明两年重点工作的安排意见》、《关于加强国家机关办公建筑和大型公共建筑节能管理工作的实施意见》、《节能技术改造财政奖励资金管理暂行办法》等文件。

(2) 供热体制改革

作为建筑节能的一个重要组成部分，供热体制改革的逐步推进为建筑节能服务体系的发展创造了良好的条件。2003年7月21日，建设部等八部委联合下发了《关于城镇供热体制改革试点工作的指导意见》（建城〔2003〕148号），相继在三北地区开展城镇供热体制改革的试点工作：一是停止福利供热，实行用热商品化、货币化；二是逐步推行按用热量分户计量收费的办法，提高节能积极性，形成节能机制；三是加快城镇现有住宅节能改造和供热采暖设施改造，提高热能利用效率和环保水平；四是引入竞争机制，深化供热企业改革，实行城镇供热特许经营制度。在各地试点工作的基础上，八部委又于2005年12月17日联合下发了《关于进一步推进城镇供热体制改革的意见》（建城〔2005〕220号），要求用两年左右的时间实现供热商品化、货币化，并对热价与燃料价格联动、鼓励开发可再生能源、建立供热预警和保障机制等提出具体要求。2007年6月3日，国家发展改革委员会、建设部联合下发了《城市供热价格管理暂行办法》（发改价格〔2007〕1195号），意在完善城市供热价格形成机制，规范热价管理。

2. 法律法规制度的不断健全为建筑节能服务的发展奠定了法律基础

(1) 建筑节能相关的法律法规。

《中华人民共和国节约能源法》已由中华人民共和国第十届全国人民代表大会常务委员会第三十次会议于2007年10月28日修订通过，2008年4月1日起施行。建设部于2000年颁布了《民用建筑节能管理规定》（建设部令第76号），以行业法规的形式对建筑节能作出了具体要求，2005年11月10日，建设部对此规定进行了修订，并于2006年1月1日实施。《民用建筑节能管理条例（草案）》已经国务院常务会议讨论，向社会公布征求意见。由发改委主任亲自担纲起草组长的《能源法》制定工作已经拉开序幕。

(2) 建筑节能工作的监管力度加强

全国大部分的省市都建立了建筑节能办公室或建筑节能中心，负责对当地建筑节能执行情况进行监督。2004年下发了《关于加强民用建筑工程项目建筑节能审查工作的通知》，对建筑节能设计文件的审查提出了要求。2005年，下发了《关于新建居住建筑严格执行节能设计标准的通知》、《关于认真做好〈公共建筑节能设计标准〉宣贯、实施与监管工作的通知》，将对建筑节能设计标准的监管进一步延伸至施工、监理、竣工验收、房屋销售等环节。自2005年开始，建设部每年开始对各地建筑节能工作开展情况进行专项检查，对检查结果进行公布，有力地督促各地建筑节能工作的开展。此外，针对大型公共建筑能耗高、节能潜力大的特点建设部加大对大型公共建筑用能的监管力度，建立大型公共建筑的节能监管体系。

3. 建筑节能技术标准体系的建立和完善为建筑节能服务的发展提供了技术支撑

1986 年颁布实施的《民用建筑节能设计标准（采暖居住建筑部分)》，1996 年对标准进行修订，要求节能 50％。从 2000 年开始，建设部相继颁布实施《夏热冬冷地区居住建筑节能设计标准》、《夏热冬暖地区居住建筑节能设计标准》、《公共建筑节能设计标准》，初步建立了以节能 50％ 为目标的覆盖全国三个气候区、包括居住和公共建筑的标准体系，个别经济发达地区，如北京、天津等地已开始实行以节能 65％ 为目标的设计标准。此外，国家还颁布了《采暖居住建筑节能检验标准》、《住宅建筑规范》、《住宅性能评定技术标准》和《绿色建筑评价标准》等。2007 年，建设部颁布了《建筑节能工程施工验收规范》，强化了新建建筑执行节能强制性标准的监管力度。

4. 在建筑节能工作中不断创新，为建筑节能服务的发展提供动力

1) 可再生能源的建筑应用示范工程。2006 年 9 月建设部、财政部联合颁布了《建设部、财政部关于推进可再生能源在建筑中应用的实施意见》、《可再生能源建筑应用专项资金管理暂行办法》、《可再生能源建筑应用示范项目评审办法》，以及《财政部、建设部关于加强可再生能源建筑应用示范管理的通知》，组织了第一批可再生能能源建筑应用的示范项目，为在不同地区推广可再生能源新技术、形成相关产业打下了基础。

2) 建筑节能试点示范工程。1999 年以来，建设部共批准立项四批 50 个建筑节能试点示范工程（小区），总建筑面积达到 486 万 m^2。

3) 对建筑能耗的统计调查。上海、北京等多个城市，已开展了对建筑能耗的大规模统计调查，为国家建立建筑节能服务体系，培育建筑节能服务市场提供了基础数据。

4) 国际合作。我国与美国、加拿大、德国、法国、荷兰、瑞典和联合国开发计划署、世界银行等国家和国际组织开展了合作，合作的内容包括建筑节能政策、标准、规范的研究制定，节能住宅建筑示范工程建设，节能服务、人员培训等。

5. 设立建筑节能服务机构已具备相应技术人员基础。截至 2004 年的数据显示，我国有各类建筑企业 47820 个，从业人员 3893 万。发展建筑节能服务市场可以充分发挥现有建筑专业机构和已有大量建筑专业技术人员的作用。

（三）建筑节能服务发展现状

经过近 10 年的发展，我国建筑节能服务产业已初具规模，呈现出如下几个特点。

1. 建筑节能服务占全部节能服务项目数量比重较大

据对 100 多家能源服务公司的调查，建筑节能服务项目占其全部项目数的 58％，建筑节能服务投资占到全部项目投资的 21％，如图 7-5 所示。

2. 需要建筑节能的建筑类型较多、服务内容多样

当前，我国建筑节能项目主要集中在商业楼宇、学校医院、政府办公机构、科研院所等大型公共建筑，其中商业楼宇的建筑节能服务项目无论是在投资额和项目数量上均占了很大的比重，其次为学校医院和政府办公建筑。服务内容包括供热系统改造、锅炉节能改造、楼宇照明系统节能、中央空调系统改造等，其中，中央空调改造项目数量较多，其余类型的建筑服务项目分布较为平均，如图 7-6 所示。

3. 建筑节能项目投资少、节能收益明显，投资回收期短

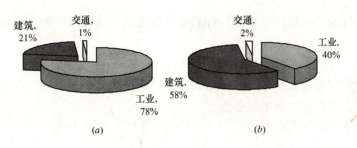

图 7-5 建筑节能服务项目数量分布和投资分布
(a) 项目数量分布；(b) 节能投资分布

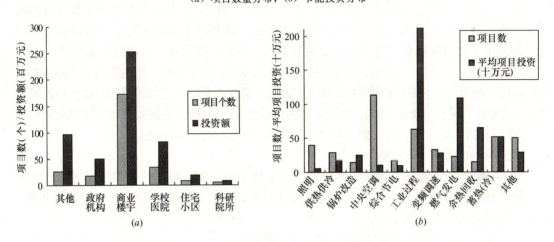

图 7-6 建筑节能服务项目分布示意图
(a) 各节能领域的项目数量和平均投资；(b) 建筑节能领域的项目分布

相比于工业节能项目，建筑节能服务项目的单体投资较少，平均每个建筑节能服务项目的投资额为工业节能项目投资额的 20%，收益明显，投资回收期短。建筑节能服务项目的 69% 是在二年内收回投资的，三年以上收回投资的只占到了 7%，如图 7-7 所示。

相比于工业与交通节能，节能服务机制尤其适合建筑节能。原因主要为：1) 建筑节能工程实施起来具有更大的复杂性，是一个系统工程。2) 建筑物业主及物业管理部门由于其自身技术、管理、融资等能力的局限性，无法依靠自身力量进行节能改造，亟需获得具备研究、施工、管理和服务能力的专业节能服务公司的服务。

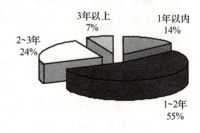

图 7-7 建筑节能服务市场分布

（四）我国建筑节能服务体系存在的主要问题

总体来讲，我国节能服务市场仍处于萌芽阶段，建筑节能服务体系尚未建立，建筑节能服务市场主要存在以下几个方面的问题。

1. 市场对建筑节能服务机制不甚了解

由于建筑节能服务机制是近几年刚兴起的一种节能机制。市场内其他主体对其业务范围、运营、收费等问题都不是十分了解，市场认知度较低。同时，目前从事节能服务的企业大多实力不强，或者另有主营业务。当前，我国大多数的建筑节能项目通常是依靠业主或者政府投资进行的"节能产品采购"性质的节能改造,建筑节能服务公司的市场空间受到局限。

2. 缺乏建筑节能信息交流平台,信息扩散度较低

我国缺少建筑节能领域的基础性数据和先进技术的信息交流平台。应在政府层面上建立起这样的平台,为产业和市场服务。

3. 业主节能积极性不强

造成这种情况的原因有四个。

(1) 缺乏强制性约束机制以及激励机制

建筑节能在经济层面上涉及初投资、运行费用、维修费用、改造费用等眼前和长远利益的权衡和取舍。我国现行的节能法律约束力不强,特别是节能没有与经济效益挂钩。因此,如果业主支付能源费用的开支占其营收的比例不高,就没有节能改造的积极性。

对政府办公建筑而言,能源消耗费用由政府财政承担,实报实销。使用者本身不具备判断能耗状况的能力,也不关心能源费用。相反,进行节能改造要影响建筑的使用,要经过比较繁琐的审批程序,要承担改造风险。而节能改造并不能给使用者带来经济效益。某些单位的年度财政预算与其上年支出成正比,能源费用支出的减少会影响其下年度的预算额。

(2) 节能收益主体不明确

目前,我国大多数办公建筑是由物业公司负责管理,物业能源管理部门提出的建议起着关键作用,但是物业和业主是服务和被服务的关系,大多数物业公司按合同收取报酬,运行能耗的多少与其收入无关。

(3) 某些既得利益群体对节能服务公司不感兴趣

提供能源管理服务,从本质上来说,是以第三方的身份切入原来的能源用户和能源提供者之间,因此往往也就会触及一些既得利益者的利益。受计划经济影响,目前很多单位的能源管理仍由本单位自行管理。例如,北京市90%的供热单位和供热设施是由各单位的后勤部门管理,占全市供热资源的近60%。如果由建筑节能服务公司承担能源管理,就会直接影响这些部门的利益。

(4) 按面积收费的供热收费体制,不利于建筑节能服务公司业务的开展

目前,我国北方大部分采暖地区仍然沿用着计划经济体制下的福利型"包烧制",住户或者建筑物的业主按面积交纳热费,用热量和其支付的金钱没有关系,用多用少一个样。

4. 建筑节能公司普遍规模较小,运作不规范、抗风险能力差

由于缺乏资质认定和市场准入机制,建筑节能服务市场鱼龙混杂,良莠不齐。有的节能服务公司缺乏综合技术能力、市场开拓能力、商务计划制定能力、财务管理包括风险防范能力以及后期管理等能力,导致服务水平低,一定程度上制约了整个节能服务行业的发展。因此,如何规范建筑节能服务企业,已经成为整个建筑节能服务市场建设的关键。

5. 缺乏科学、统一、适用的建筑节能评价体系和收费标准

我国的信用体系尚不健全。由于缺乏统一的标准和公正的第三方评判,节能效果无法确认。因此,建筑节能服务企业从客户收回投资会遇到诸多风险,限制了节能服务的发展。

6. 我国的财税制度不利于建筑节能服务公司业务的开展

以政府节能服务项目为例,中央和地方的财政预算的单位没有支付节能费用收益的对

应科目,"钱从哪出"一直是一个问题,在实际操作中往往采用"特事特办"这种不规范的方式进行,阻碍利用市场机制为政府办公机构节能。

节能服务公司开具的节能服务发票不能视同能源费用入账抵扣,例如,一台节能锅炉放在某公司使用,在合同期内所有权仍属于节能服务公司,某公司所支付的节能费既难计成本,也无法提取折旧。

根据现行财税法规,合同能源管理项目普遍存在提前纳税、超额纳税的现象。当前,一般会把节能服务费理解为增值,而三年内收回服务费的做法也被认为是分期付款。根据财务权责发生制,在设备交付之时就要缴纳增值税。这就带来了提前纳税的问题。对于正处在发展初期的中小型建筑节能服务公司来说,本来就要面对着融资风险,还要提前缴税、超额纳税,企业负担过重。

7. 建筑节能服务公司的融资较为困难

目前,节能服务公司大多为中、小型企业,所承担的项目客观上存在着一定的风险。同时,市场也没有对节能服务行业有一个清晰的认识,对其业务不甚了解。我国也没有为建筑节能服务公司的项目提供资金担保的机构。银行会更多考虑到贷款的风险。

除此之外,目前银行所提供的金融服务品种不能满足当前市场的需要,金融产品、金融工具单一。节能服务公司由于刚刚诞生,大多信用等级较低,很难具备信用贷款的条件。而且节能服务企业属于服务行业,其固定资产较少,注册资金较低,无法自行提供贷款担保。

二、我国建筑节能服务的实践

我国建筑节能服务现处于萌芽状态。北方地区的建筑节能服务主要以供热采暖为主要特征。由于长期受计划经济的影响,实行的是政府提供福利型的"包烧制",住户由单位或个人按面积交纳供热费,基本谈不上市场化的建筑节能服务。其他地区的节能服务主要以公共建筑的空调制冷为主要特征。由于我国建筑能源服务市场不发达,基本上是由建筑产权所有人、物业管理者自己对用能设施进行运行、管理。由于是非专业化的,人员素质不高,用能设施运行效率不高,能源浪费现象严重。基于这样的现状,目前北方地区已经出现民营的热力公司,国内一些机构也在积极筹备开展建筑节能服务业务。北京就有六七十家类似的机构,分为盈利性的商业机构和非营利性的政府所属机构。境外能源服务公司也正在进行建筑节能服务市场调查,研究如何进入中国建筑节能服务市场。建筑节能专业性强,通过市场化的办法,能够有效地提高用能效益、节约能源,这是我国推进建筑节能深入发展的必然方向。

我国将以国家机关办公建筑和大型公共建筑节能管理、北方采暖地区既有居住建筑供热计量和节能改造为突破口,使建筑节能服务行业获得快速的发展。并通过财政投入的引导,充分发挥市场在资源配置方面的基础性作用,促进社会资源的投入、优化和整合,形成健全的建筑节能服务体系。

第四节 建筑节能服务体系的发展潜力与趋势分析

一、发展潜力分析

(一)进一步严峻的能源形势,为我国建筑节能服务行业的发展提出了更大的发展机遇我国能源资源人均占有量较低。随着国民经济高速发展，城乡居民消费结构升级，能源消费将继续保持增长趋势，资源约束矛盾将更加突出。根据发达国家经验，随着城市发展，建筑将超越工业、交通等其他行业而最终居于社会能源消耗的首位。

考虑到百姓的承受能力和我国以制造业为主的经济结构，我国的资源价格并没有完全与国际接轨。当前，国际石油价格已经超过140美元/桶，拉大了和国内能源价格的差距，我国能源价格明显偏低。我国已开始了资源性产品的价格改革工作，充分发挥价格杠杆对资源节约和环境保护的促进作用。逐步建立能够反映资源性产品供求关系的价格机制。这意味着，我国的煤炭、石油等资源性商品的价格将有可能进一步上涨。

资源的紧张和价格的上涨都向我国的经济发展提出了巨大的挑战，同时也为建筑节能服务企业带来巨大的发展空间。

（二）政府对节能工作力度的加强，为我国建筑节能服务行业的发展提供了更好的条件

节能是我国的发展战略，将放在更加突出的位置。同时，随着我国进一步落实科学发展观，从政府到民众都会进一步树立节能观念，中央及各省市也势必会进一步加强节能工作。

据预测，到2020年，我国将有3.8亿tce的节能潜力。以目前每吨标煤400元计算，共有1520亿元的潜在市场。

我国还将加快转变经济增长方式，推动产业结构优化升级。发展现代服务业，提高服务业比重和水平。建筑节能服务业作为新兴的现代服务业，国家将会出台相关的财政、税收优惠政策，帮助其发展壮大。发达国家的经验表明，政府必须建立起资金担保、技术支持等体系，才能有效地促进国内节能服务行业的发展。

二、发展趋势分析

建筑节能服务体系是推动建筑节能工作的有力举措，培育和规范建筑节能服务市场是现阶段我国建筑节能工作的现实需要。纵观建筑节能服务体系的发展趋势，主要体现在以下几个方面。

（一）履行政府职能，搞好政府服务

一是建立完善的建筑节能法律法规，为建筑节能服务市场的培育和发展提供有利的成长环境；二是制定建筑节能发展规划，为建筑节能服务业发展提供目标；三是建立健全建筑节能服务业市场监管体系，不断提高建筑节能服务的质量和水平；四是建立对各级政府和部门的服务绩效考核体系，明确政府服务的目标和要求；五是建立经济优惠政策，通过税收优惠和贷款贴息等方式，吸引更多的社会资金投入到建筑节能服务市场；六是建立健全宣传推广机制，通过媒体和示范项目建设，推广先进的服务方式和融资方式。

（二）促进技术进步，搞好技术服务

一是组织开展建筑节能关键技术的研究和开发，解决建筑节能的技术瓶颈和制约，形成自主知识产权；二是总结技术成果和工程实践经验，建立健全建筑节能标准规范，完善建筑节能标准体系；三是建立健全专家队伍，为科学技术研究、评价咨询提供支撑；四是建立国家、省部级工程技术中心和实验室，构建研究、开发、测试、人才培养平台；五是建立技术推广机制，搭建技术交流信息平台。

（三）激活市场活力，搞好市场服务

一是分析研究建筑节能服务市场，细分建筑节能服务类型、市场容量、市场价值；二是收集、研究、发布建筑节能服务信息，提供建筑节能服务交易平台；三是研究建筑节能投资分析和风险防范模型，编制格式文本；四是建立建筑节能服务企业信用评价体系，开展评优、评级，创立建筑节能服务品牌；五是建立建筑节能人力资源管理体系，开展人才价值评估。

（四）研究盈利模式，搞好金融服务

一是研究分析建筑节能的盈利点、收益点和投资亮点，挖掘金融价值，形成适应不同金融企业需要的投资产品；二是研究建立适应不同投资主体的丰富多样的投资分析模型，开发金融工具运用于不同的建筑节能服务产品；三是研究建筑节能服务的金融政策，给予政策性、商业性金融机构以不同的扶持政策。

上述政府、技术、市场和金融四大类服务是建筑节能服务体系未来的研究和发展方向，有的是属于政策性、法规性的，有的是属于经济性的，需要充分发挥政府、行业协会、企业等各种组织和个人的积极性，分清职责，共同构建建筑节能服务体系。

参 考 文 献

[1] 武涌．刘长滨．刘应宗．屈宏乐等．中国建筑节能管理制度创新研究[M]．北京：中国建筑工业出版社，2007．

[2] 武涌．刘长滨等．中国建筑节能经济激励政策研究[M]．北京：中国建筑工业出版社，2007．

尊敬的读者：

感谢您选购我社图书！建工版图书按图书销售分类在卖场上架，共设22个一级分类及43个二级分类，根据图书销售分类选购建筑类图书会节省您的大量时间。现将建工版图书销售分类及与我社联系方式介绍给您，欢迎随时与我们联系。

★ 建工版图书销售分类表（详见下表）。

★ 欢迎登陆中国建筑工业出版社网站www.cabp.com.cn，本网站为您提供建工版图书信息查询，网上留言、购书服务，并邀请您加入网上读者俱乐部。

★ 中国建筑工业出版社总编室　电　话：010—58934845
　　　　　　　　　　　　　　 传　真：010—68321361

★ 中国建筑工业出版社发行部　电　话：010—58933865
　　　　　　　　　　　　　　 传　真：010—68325420
　　　　　　　　　　　　　　 E-mail：hbw@cabp.com.cn

建工版图书销售分类表

一级分类名称（代码）	二级分类名称（代码）	一级分类名称（代码）	二级分类名称（代码）
建筑学（A）	建筑历史与理论（A10）	园林景观（G）	园林史与园林景观理论（G10）
	建筑设计（A20）		园林景观规划与设计（G20）
	建筑技术（A30）		环境艺术设计（G30）
	建筑表现·建筑制图（A40）		园林景观施工（G40）
	建筑艺术（A50）		园林植物与应用（G50）
建筑设备·建筑材料（F）	暖通空调（F10）	城乡建设·市政工程·环境工程（B）	城镇与乡（村）建设（B10）
	建筑给水排水（F20）		道路桥梁工程（B20）
	建筑电气与建筑智能化技术（F30）		市政给水排水工程（B30）
	建筑节能·建筑防火（F40）		市政供热、供燃气工程（B40）
	建筑材料（F50）		环境工程（B50）
城市规划·城市设计（P）	城市史与城市规划理论（P10）	建筑结构与岩土工程（S）	建筑结构（S10）
	城市规划与城市设计（P20）		岩土工程（S20）
室内设计·装饰装修（D）	室内设计与表现（D10）	建筑施工·设备安装技术（C）	施工技术（C10）
	家具与装饰（D20）		设备安装技术（C20）
	装修材料与施工（D30）		工程质量与安全（C30）
建筑工程经济与管理（M）	施工管理（M10）	房地产开发管理（E）	房地产开发与经营（E10）
	工程管理（M20）		物业管理（E20）
	工程监理（M30）	辞典·连续出版物（Z）	辞典（Z10）
	工程经济与造价（M40）		连续出版物（Z20）
艺术·设计（K）	艺术（K10）	旅游·其他（Q）	旅游（Q10）
	工业设计（K20）		其他（Q20）
	平面设计（K30）	土木建筑计算机应用系列（J）	
执业资格考试用书（R）		法律法规与标准规范单行本（T）	
高校教材（V）		法律法规与标准规范汇编/大全（U）	
高职高专教材（X）		培训教材（Y）	
中职中专教材（W）		电子出版物（H）	

注：建工版图书销售分类已标注于图书封底。